Neues verkehrswissenschaftliches Journal

Ausgabe 10

Modellierung der Wartezeitfunktion bei Leistungsuntersuchungen im Schienenverkehr unter Berücksichtigung der transienten Phase

Von der Fakultät Bau- und Umweltingenieurwissenschaften
der Universität Stuttgart zur Erlangung der Würde eines
Doktors der Ingenieurwissenschaften (Dr.-Ing.) genehmigte Dissertation

Vorgelegt von

Zifu Chu

aus Shenyang, VR China

Hauptberichter: Prof. Dr.-Ing. Ullrich Martin
Mitberichter: Prof. Dr.-Ing. Jörn Pachl
                        Jun.-Prof. Dr.-Ing. Wolfgang Nowak

Tag der mündlichen Prüfung: 17.02.2014

Institut für Eisenbahn- und Verkehrswesen der Universität Stuttgart

2014

Herstellung und Verlag: BoD - Books on Demand, Norderstedt

Printed in Germany

ISBN 978-3-7357-2349-9

Vorwort

Bei Leistungsuntersuchungen im spurgeführten Verkehr wird der Zusammenhang zwischen einer bestimmten Ausgestaltung der Infrastruktur, einem darauf bezogenen Betriebsprogramm und der dabei zu erreichenden Betriebsqualität betrachtet. Aufgrund der Komplexität derartiger Betrachtungen war dies zunächst nur für sehr überschaubare Bereiche praktisch umsetzbar oder durch modelltheoretische Vereinfachungen, die eine analytische Berechnung ermöglichten. Mit zunehmender Entwicklung der Rechentechnik wurden auf bedienungstheoretischen Grundsätzen beruhende Simulationsverfahren immer interessanter, da mit ihnen der tatsächliche, eigentlich deterministische Betriebsablauf mit seinen vielfältigen stochastischen Einflüssen hinreichend genau abbildbar wurde. Die Wartezeitfunktion bildet den funktionalen Zusammenhang einer zunehmenden gegenseitigen Behinderung der Züge bei steigender Belastung ab und ist damit eine ganz wesentliche Grundlage für Leistungsuntersuchungen. Zu Beginn der neunziger Jahre des vorigen Jahrhunderts wurde die Wartezeitfunktion erstmals modelltheoretisch durch Hertel und Ludwig beschrieben. Im Verlauf der praxisbezogenen Anwendung und eisenbahnbetriebswissenschaftlicher Untersuchungen wurde dieser Modellansatz kontinuierlich weiterentwickelt und ist heute Stand der Forschung auf diesem Gebiet.

Die vorliegende Dissertation ist im Zusammenhang mit dem DFG-Projekt „Direkte experimentelle Bestimmung der maximalen Leistungsfähigkeit bei Leistungsuntersuchungen im spurgeführten Verkehr", an dem Herr Chu maßgebend beteiligt war, entstanden und befasst sich mit der modelltheoretischen Vervollkommnung bei der Bestimmung der Wartezeitfunktion.

Wesentliches Forschungsergebnis der vorliegenden Arbeit ist die Weiterentwicklung der mathematischen Beschreibung der Wartezeitfunktion unter Berücksichtigung der transienten Phase in der Simulation bei Beibehaltung der Struktur des Betriebsprogramms. Die Ansätze der Simulationsverfahren orientieren sich oftmals an allgemeinen Markov-Modellen und setzen deshalb voraus, dass sich die Simulation im Betrachtungszeitraum in der stationären Phase befindet. Verschiedene praxisorientierte Leistungsuntersuchungen haben jedoch gezeigt, dass diese Bedingung nur in seltenen Fällen tatsächlich erreicht wird. Dementsprechend musste mit großem Aufwand und geeigneter Bemessung von Vor- und Nachlaufzeiten für die eigentliche Simulation bislang situationsspezifisch ein quasi-stationärer Zustand geschaffen werden. Eine weitere Bedingung für die Belastbarkeit der Ergebnisse von Leistungsuntersuchungen ist die Beibehaltung der Struktur des Betriebsprogramms auch bei einer Verdichtung bzw. Ausdünnung. Es bedurfte bisher einer großen Erfahrung, um auch bei unterschiedlichen Verdichtungsstrategien eine annähernd gleiche Struktur des Betriebsprogramms empirisch beizubehalten. Mit der in dieser Arbeit vorgeschlagenen Modellerweiterung auf der Grundlage einer systematischen auf mathematischem Nachweis beruhenden Einbeziehung wesentlicher Rahmenbedingungen wird die einheitliche Anwendung von Simulationsmethoden bei Leistungsuntersuchungen nicht nur vereinfacht, sondern deren Aussagekraft auch signifikant verbessert.

Stuttgart, im Februar 2014

Ullrich Martin

Danksagung

An dieser Stelle möchte ich zuerst meinen Eltern danken. Obwohl sie in China wohnet, haben meine Eltern mich sowohl auf der finanziellen, als auch auf der geistigen Ebene unterstützt. Dem chinesische Staat danke ich für die Möglichkeit, meine Dissertation an der Universität Stuttgart zu schreiben. Der MathWorks, Inc. danke ich für die Entwicklung des nützlichen Programms "Matlab", mit dem ich schnell meine Ideen implementieren konnte.

Herrn Prof. Pachl und Herrn Jun.-Prof. Nowak danke ich für deren Funktion als Mitberichter. Für die Unterstützung und die informativen und auch kritischen Unterhaltungen der letzten Jahre, möchte ich Herrn Prof. Martin danken. Die Arbeit am Institut hat mir die Möglichkeit gegeben, meine Dissertation gedanklich vorzubereiten. Ebenfalls möchte ich mich bei ihm für die Betreuung der Dissertation im Ganzen bedanken.

Meinen damaligen und jetzigen Kolleginnen und Kollegen danke ich für die Unterstützung bei der Institutsarbeit, wodurch ich mehr Zeit für meine Dissertation hatte. Für die sprachliche Korrektur des Abstracts danke ich Jiajian Liang.

Mein besonderer Dank geht an meine Frau Jing Pang für die Unterstützung in allen Lebenslagen, die Ermutigung, sowie ihr großes Verständnis.

Inhaltsverzeichnis

Inhaltverzeichnis

Zusammenfassung

Hohe Investitionen beim Ausbau der Eisenbahninfrastruktur und eine begrenzte extensive Erweiterbarkeit des Netzes erzwingen eine Verbesserung der Effizienz des Bahnbetriebs, die gleichzeitig dessen steigende Qualitätsansprüche berücksichtigt. Deswegen ist die Ableitung einer optimalen Auslastung, mit der einerseits die Eisenbahninfrastruktur möglichst stark ausgenutzt wird und andererseits die Betriebsqualität das erwünschte Niveau erreicht, seit langer Zeit Forschungsgegenstand in der Eisenbahnbetriebswissenschaft. Dabei sind die simulative und die analytische Methode zwei übliche Ansätze. In der vorliegenden Arbeit wird die simulative Methode zur Bestimmung der Wartezeitfunktion sowie des optimalen Leistungsbereichs, die von [Hertel 1992] entwickelt und von [Schmidt 2009] verbessert wurde, weiterentwickelt.

Der Schwerpunkt dieser Arbeit liegt auf der realitätsnahen Modellierung des Eisenbahnbetriebs bei der Nutzung der simulativen Methode. Die Beibehaltung des Betriebsprogramms als Randbedingung der Modellbildung wird diskutiert. Darüber hinaus wird durch die explizite Betrachtung der transienten Phase in der Simulation ein entscheidender Effekt, der bei der Modellierung des Eisenbahnbetriebs bislang nur unzureichend berücksichtigt worden ist, untersucht. Die Wirkungen der transienten Phase auf die unterschiedlichen Kenngrößen (durchsatzbezogene Leistungsfähigkeit sowie optimaler Leistungsbereich) werden in dieser Arbeit einbezogen. Dabei wurden wichtige neue Erkenntnisse gewonnen:

- Der neu entwickelte Algorithmus "Dynamisierung der Zeitscheiben mit exakter Zugzahl" kann für die künftige Fahrplanverdichtung bei Leistungsuntersuchungen zielführend genutzt werden. Durch die "Dynamisierung der Zeitscheiben" kann nicht nur eine Zufälligkeit des Fahrplans generiert, sondern auch das als Randbedingung der Untersuchung vorgegebene Betriebsprogramm (Zugmix) beibehalten und somit eine hinreichende Ordnung des Fahrplans gewährleistet werden.

- Zur Bestimmung der durchsatzbezogenen Leistungsfähigkeit wurde ein neuer Ansatz entwickelt, mit dem die Wirkungen der transienten Phase in Form eines Zuschlages berücksichtigt werden. Der Zuschlag wird anhand einer neu entwickelten Modellfunktion und der Einflussfaktoren der transienten Phase ermittelt.

- Eine neue Modellfunktion der Wartezeitfunktion, die bei der Anpassung der Simulationsergebnisse mathematisch beherrschbar ist und ein höheres (korrigiertes) Bestimmtheitsmaß als die bisher verwendete Modellfunktion besitzt, wurde unter Berücksichtigung der Wirkungen der transienten Phase entworfen. Aus der so bestimmten Wartezeitfunktion gewinnt der optimale Leistungsbereich, der unmittelbar von der Wartezeitfunktion abhängig ist, eine höhere Genauigkeit und Aussagekraft.

In der vorliegenden Arbeit, die im Kontext des DFG-Projekts "Direkte experimentelle Bestimmung der maximalen Leistungsfähigkeit bei Leistungsuntersuchungen im spurgeführten Verkehr" [Martin & Chu 2012][1] entstand ist, wird das Verfahren zur Leistungsuntersuchung nach [Hertel 1992] methodisch weiterentwickelt. Die Umsetzung der Erkenntnisse in den gegenwärtig genutzten Werkzeugen zur Leistungsuntersuchung erhöht die Genauigkeit und Aussagekraft der Untersuchungsergebnisse gerade auch in solchen Fällen, bei denen die große Spannweite der Ergebnisse bislang zusätzlich eine aufwendige Interpretation bzw. vertiefte Betrachtungen erforderte.

---

[1] In der vorliegenden Dissertation wird notwendigerweise auf dieselben Grundlagen zurückgegriffen, die auch im DFG-Projekt [Martin & Chu 2012], an dem der Verfasser der Dissertation maßgeblich mitgearbeitet hat, verwendet bzw. erarbeitet wurden.

Abstract

The efficiency of railway operations is forced to be improved by high investments in the development of railway infrastructure and limited space for the network extension, and simultaneously the increasing operation quality requirements should also be considered. Therefore, the determination of optimal capacity utilization has been studied as a subject of research in railway operation science for a long time, with which on one hand the railway infrastructure should be fully utilized; on the other hand the quality of operation should achieve the expected level. The simulation and analytical methods are two common approaches for the research. In this work the simulation method to determine the waiting time function and the recommended area of traffic flow is further developed, which was developed by [Hertel 1992] and improved by [Schmidt 2009].

The focus of this work is on the realistic modeling of railway operation in simulation method. The retention of operating program as a boundary condition of the modeling is discussed. In addition, a crucial effect, which is not fully considered in the modeling of railway operations, was studied. It is caused by the transient phase of simulation. The effect of the transient phase on the various characteristic variables (throughput capacity and recommended area of traffic flow) is discussed in this work. The important new findings are the followings:

- For the future compressing and thinning timetables the newly developed algorithm "dynamic determination of the time slices by exact number of trains" should be used. Through the "dynamic of the time slices", not only the randomness of the timetable can be generated, but also the operating program (trains mixture), which is prescribed as a boundary condition for the research, can be best kept and the "order" in the timetable can be guaranteed.

- To determine the throughput capacity, a new approach is developed, by which the effect of the transient phase in the form of supplementary will be considered. The supplementary is determined by a newly developed model function and the influencing factors of the transient phase.

- A new model function of the waiting time function is developed taking into account the effect of the transient phase, which is mathematically controllable in the process of fitting the simulation data, and has a higher (adjusted) coefficient of determination than the current model function. From the determined waiting time function the recommended area of traffic flow, which is directly dependent on the waiting time function, can achieve a higher degree of accuracy and validity.

In this work, which is based on the DFG project "Direkte experimentelle Bestimmung der maximalen Leistungsfähigkeit bei Leistungsuntersuchungen im spurgeführten Verkehr" [Martin & Chu 2012], the capacity research method according to [Hertel 1992] is methodologically refined. The implementation of the findings in the currently used tools for capacity research increases the accuracy and validity of the research results, especially in cases that elaborative interpretation and in-depth consideration are required for the large range of the results.

1 Einleitung

Mit fortschreitender Entwicklung der Gesellschaft werden die Menschen immer anspruchsvoller, was ihre Lebensqualität anbelangt. Infolgedessen steigt auch die Nachfrage bezüglich qualitativ hochwertiger Transportleistungen (bei Gütern sowie bei den Menschen selbst). In Deutschland besteht ein nicht vernachlässigbarer Anteil sowohl am Güterverkehr (17,23%[2]) als auch am Personenverkehr (7,45%) aus Schienenverkehr. Um den Anteil des Schienenverkehrs an der Verkehrsleistung zu sichern und zu erhöhen, ist die Infrastruktur auszubauen bzw. die Nutzung der vorhandenen Infrastruktur zu optimieren. Insbesondere für eine langfristige Planung müssen der Infrastrukturausbau und die Gestaltung des Betriebsprogramms so aufeinander abgestimmt werden, dass die Investitionen unter Berücksichtigung der Anforderungen an die Verkehrsleistung und die erforderliche Betriebsqualität möglichst gering gehalten werden. Seit Jahrzehnten ist es Gegenstand der Eisenbahnbetriebswissenschaft den Zusammenhang zwischen Auslastung einer Infrastruktur und der erwarteten Betriebsqualität zu beschreiben, um den Eisenbahnbetrieb zu optimieren.

Ein Forschungsgegenstand bei der langfristig vorausschauenden Planung liegt in der Ungewissheit des konkreten Fahrplans. Die konventionelle simulative Methode, die auf Einfachsimulation (Fahrplansimulation) bzw. Mehrfachsimulation (Betriebssimulation) basiert, eignet sich für die vielfältigen Auswertungen eines konkreten Fahrplans. Im Vergleich dazu besitzt die analytische Methode den Vorteil, unabhängig vom detaillierten konkreten Fahrplan die Infrastruktur sowie das Betriebsprogramm untersuchen zu können. Gleichzeitig wird aber angenommen, dass die Ankunftsabstände sowie die Beförderungszeiten jeweils einer stochastischen Verteilung entsprechen. Wie [Wendler 2000] erklärt hat: „Simulative Modelle stellen punktuelle Aussagen über das Verhalten von Auslastung und Qualität zur Verfügung. Analytische Modelle bieten funktionale Beziehungen zwischen Auslastung und Qualität an." Anfang der 1990er Jahre wurde der optimale Leistungsbereich von [Hertel 1992] und die Wartezeitfunktion einer Eisenbahnteilstrecke von [Ludwig 1990] abgeleitet. Damit kann ein Bezug zur betrieblichen Praxis hergestellt werden. Somit wird eine Brücke zwischen

---

[2] Statistisches Bundesamt 2012: Beförderungsleistung von Güterverkehr in 2010 beträgt 107 [Mrd.tkm]. Beförderungsleistung von Personenverkehr in 2010 beträgt 84 [Mrd.pkm].

beiden Ansätzen geschlagen: Mit der Simulation werden verschiedene Auslastungen und die entsprechende Qualität (Wartezeit) ermittelt, mit denen eine funktionale Beziehung zwischen Auslastung und Qualität durch die Regressionsanalyse festgelegt werden kann. Eine Beispielanwendung dieses Verfahrens mit einer Simulation wurde von Bosse in [Bosse 1994] durchgeführt. Wegen der Einschränkung der damaligen Rechnertechnik war das Verfahren schwierig in die Praxis umzusetzen. Mit der Verbesserung der Rechnertechnik, wurde im Jahr 2006 die Software PULEIV (Programm zur Untersuchung des Leistungsbereichs) vom Institut für Eisenbahn- und Verkehrswesen entwickelt [Martin et al. 2008]. Mithilfe dieser Software konnte der hohe Rechenaufwand des Verfahrens von [Hertel 1992] stark reduziert werden. In [Schmidt 2009] wurde die Umsetzung des Verfahrens in praktischen Anwendungen vorgestellt. Jedoch wurden neue Fragestellungen bei der Umsetzung des Verfahrens aufgeworfen. Dabei beeinflussen zwei Punkte die Untersuchungsergebnisse extrem stark. Es handelt sich um die Beibehaltung der Randbedingungen bei der Modellbildung des Eisenbahnbetriebs und die transiente Phase in der Simulation. In der vorliegenden Arbeit wird ein weiterentwickeltes Verfahren auf der Grundlage des Verfahrens von [Hertel 1992] unter Berücksichtigung dieser beiden entscheidenden Punkte vorgestellt.

Die vorliegende Arbeit basiert auf dem DFG Projekt [Martin & Chu 2012], in dem die Leistungsuntersuchungen mit der simulativen Methode weiter entwickelt werden. In Kapitel 2 werden die zugrundliegenden Begriffe sowie die vorhandenen Methoden und Auswertungsansätze einer Leistungsuntersuchung – einem wichtigen Teilgebiet der Eisenbahnbetriebswissenschaft überblicksartig vorgestellt. Vornehmlich wird die Leistungsuntersuchung mit der simulativen Methode dargestellt. Die Offenen Fragen, die in dieser Arbeit zu beantworten sind, werden identifiziert und abgegrenzt. In den Kapiteln 3 bis 6 wird der Kern dieser Arbeit behandelt. In Kapitel 3 wird die Beibehaltung der Randbedingungen der Modellbildung bei Leistungsuntersuchungen mit der simulativen Methode diskutiert. In Kapitel 4 bis 6 werden die Wirkungen der transienten Phase in der Simulation auf die durchsatzbezogene Leistungsfähigkeit sowie die Wartezeitfunktion analysiert. Alle Erkenntnisse werden mit Fallbeispielen verdeutlicht, die in Kapitel 6 und im Anhang I: Fallbeispiele dargestellt sind.

2 Leistungsuntersuchungen im spurgeführten Verkehr

In diesem Kapitel wird der Stand der Forschung bei Leistungsuntersuchungen in der Eisenbahnbetriebswissenschaft zusammengefasst. Eine besondere Bedeutung kommt dabei der Begriffsdefinition zu. Dies schafft Klarheit in der folgenden fachlichen Diskussion. Deswegen werden zunächst in Abschnitt 2.1 die Grundbegriffe der Leistungsuntersuchung gegeneinander abgegrenzt. Abschnitt 2.2 gibt einen Überblick über die zurzeit vorhandenen Methoden für Leistungsuntersuchungen. Die gelieferten Ergebnisse dieser Methoden sind Kenngrößen für Leistungsuntersuchungen, die sich auf [DB Netz AG 2008] beziehen und darüber hinaus gehen. Zusätzlich zu den Kenngrößen ist die Qualitätsaussage immer eine wichtige Schlussfolgerung für die Eisenbahnverkehrsunternehmen und Eisenbahninfrastrukturunternehmen; deshalb wurden verschiedene Bewertungsansätze entworfen, die im Abschnitt 2.3 dargestellt werden.

2.1 Grundbegriffe

In der Eisenbahnbetriebswissenschaft sind die Betriebsleistung und die (Betriebs-) Qualität für Eisenbahnverkehrs- und Eisenbahninfrastrukturunternehmen nach wie vor von großem Interesse. Die Betriebsleistung wird häufig durch die Anzahl der Züge pro Zeiteinheit (Belastung) im entsprechenden System repräsentiert. Die Betriebsqualität bezieht sich meistens auf die Verspätungen (Wartezeiten) im Betrieb. Im Allgemeinen ist die Betriebsleistung umgekehrt proportional zu der Qualität. Je mehr Züge im System (innerhalb eines bestimmten Zeitraumes) fahren und sich somit gegenseitig zunehmend behindern, desto schlechter wird die Qualität. Dieser Zusammenhang wird als Leistungsverhalten bezeichnet und ist von der Eisenbahnbetriebsanlage (Netzstruktur) sowie dem Betriebsprogramm (Fahrplan) abhängig. Dazu ist die Leistungsfähigkeit zu bestimmen, die der Betriebsleistung auf einer bestimmten Eisenbahnbetriebsanlage mit einem bestimmten Betriebsprogramm entspricht. Für verschiedene Zwecke wird die Leistungsfähigkeit in der Literatur unterschiedlich definiert. Einige wichtige Definitionen werden zum besseren Verständnis dieser Arbeit aufgeführt:

- Der **Fahrplan** ist die "vorausschauende Festlegung des Fahrtverlaufs der Züge hinsichtlich Verkehrstage, Fahrzeiten, Geschwindigkeit und zu benutzender Fahrwege" [Pachl 2011].

- In [DB Netz AG 2008] ist das **Betriebsprogramm** definiert als "die datenmäßige Beschreibung aller Informationen zu betrieblichen Vorgängen und zu den Eigenschaften der an diesen Vorgängen beteiligten Beförderungseinheiten." In dieser Arbeit bezieht sich ein "grobes Betriebsprogramm" auf einen **Zugmix,** der die Informationen über den Modellzug der Zuglaufgruppe und das Verhältnis der Zugzahl jeder Zuglaufgruppe beinhaltet (siehe Abbildung 1).

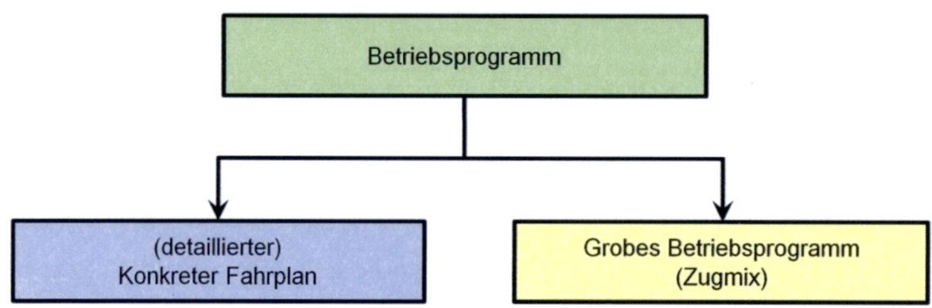

Abbildung 1:   Zusammenhang zwischen konkretem Fahrplan und grobem Betriebsprogramm

- Die **Leistungsanforderung / Belastung** bedeutet die „Anzahl der Zugtrassen oder Zuglagen im Untersuchungszeitraum, die für Leistungsuntersuchungen im Betrachtungsraum zu berücksichtigen sind." [DB Netz AG 2008]

- Die **praktische Leistungsfähigkeit** ist nach [DB Netz AG 2008] „die unter Einhaltung bestimmter Qualitätsgrenzen ermittelte fahrbare Zugzahl"

- Die **theoretische Leistungsfähigkeit** wird in [DB Netz AG 2008] definiert als „die in einem Netzelement durch die Organisation des Zugbetriebes im Prozess der Fahrplanerstellung auf dessen betrieblicher Infrastruktur maximal verarbeitbare Anzahl von Zug- und Rangierbewegungen in einem bestimmten Untersuchungszeitraum, wobei das Verhältnis der Zugfolgefälle untereinander dem der Ermittlung unterstellten Belastung entspricht."

- Die **Nennleistung**, wie sie in [DB Netz AG 2008] definiert ist, „ist die in einem Netzelement durch die Organisation des Zugbetriebes auf dessen betrieblicher Infrastruktur, bei vorgegebener Struktur des Betriebsprogramms, während des Betriebsablaufes mit einer definierten Qualität und bei wirtschaftlich optimaler Auslastung unter Wahrung von aufgaben- und streckenstandardspezifischen Nutzungsvorgaben verarbeitbare Anzahl von Zug- und Rangierbewegungen in einem bestimmten Untersuchungszeitraum, wobei das Verhältnis der Zugfolgefälle untereinander dem der Ermittlung unterstellten Belastung entspricht." Diese Definition und die Definition von [Jochim 1999] stimmen überein.

- Unter **Nutzungsgrad / Auslastungsgrad** einer Leistungsfähigkeit (z.B. praktische oder theoretische Leistungsfähigkeit) versteht man den tatsächlich genutzten Anteil der Leistungsfähigkeit. (In [DB Netz AG 2008] entspricht der Nutzungsgrad der Nennleistung „dem durch die Leistungsanforderungen genutzten Anteil der Nennleistung.")

- Die **maximale Leistungsfähigkeit** ist ein theoretischer Wert, der im Betriebsablauf unbegrenzte Stauerscheinungen zulässt, und hat keinen Qualitätsbezug. Sie entspricht dem „Vermögen einer Betriebsanlage, eine bestimmte Leistung unter Annahme unbeschränkter Leistungsanforderungen mit einer gegebenen Struktur (z. B. Zugmix) zu erzielen." [Arbeitsgruppe "Leistungsuntersuchungen Bahnanlagen" 1994]

- Der **Leistungsbereich** stellt nach [DB Netz AG 2008] den Bereich dar, „in dem für Leistungsanforderungen eine ausreichende Wirtschaftlichkeit und eine hinreichende Qualität erwartet werden kann".

- Unter dem **optimalen Leistungsbereich** wird der Bereich der Belastung verstanden, der zwischen dem Minimum der relativen Empfindlichkeit der Wartezeiten und dem Maximum der Beförderungsenergie liegt. [Arbeitsgruppe "Leistungsuntersuchungen Bahnanlagen" 1994].

Der Begriff "maximale Leistungsfähigkeit" ist nicht speziell für die Leistungsuntersuchungen mit den simulativen Methoden, die insbesondere mithilfe der Modellierung durch Warteschlangetheorie durchgeführt werden, definiert. Die wichtigen Kenngrößen direkt aus der simulativen Methode sind die (Eingang- und Ausgangs-) Belastung (siehe Abschnitt 5.1.2) sowie die Wartezeit. Mit den Kenngrößen wird ein neuer Begriff „durchsatzbezogene Leistungsfähigkeit" definiert [Chu 2013]:

Unter der **durchsatzbezogenen Leistungsfähigkeit** versteht man die durchschnittliche Belastung in der stationären Phase des Betriebsablaufs, bei der eine gegebene Infrastruktur mit gegebenem grobem Betriebsprogramm (Zugmix) mit maximalen

Durchsatz unter Beibehaltung des Zugmixes[3] arbeitet. Eine weitere Erhöhung der Belastung führt zu einem verminderten Anwachsen bzw. einer Veränderung des Zugmixes der Ausgangsstromes.

Werden das Eisenbahnnetz und das Betriebsprogramm durch Bedienungssystem (siehe Abschnitt 4.1.2) modelliert, entspricht die durchsatzbezogene Leistungsfähigkeit dem kritischen Punkt, an dem die Auslastung $\rho = 1$ auftritt. D.h. die engste Bedienungsstelle der gesamten Infrastruktur ist bei der durchsatzbezogenen Leistungsfähigkeit voll ausgelastet. Ab dieser durchsatzbezogenen Leistungsfähigkeit sind deswegen unbegrenzte Stauerscheinungen zu erwarten. Unter verschiedenen Umständen könnten natürlich noch zusätzliche Züge durch andere nicht voll ausgelastete Bedienungsstellen der übrigen Infrastruktur fahren und damit die gesamte Belastung erhöhen. Dadurch wird jedoch das zu untersuchende Betriebsprogramm (Zugmix), das als wichtige Randbedingung zur Bestimmung der Wartezeitfunktion vorzugeben ist, geändert. D.h. das zugrundeliegende Zugmix zur Ermittlung der Wartezeitfunktion würde sich mit steigender Belastung verändert. Durch die Abbildung 2 wird der Zusammenhang zwischen den verschiedenen Leistungsfähigkeiten sowie dem optimalen Leistungsbereich schematisch veranschaulicht.

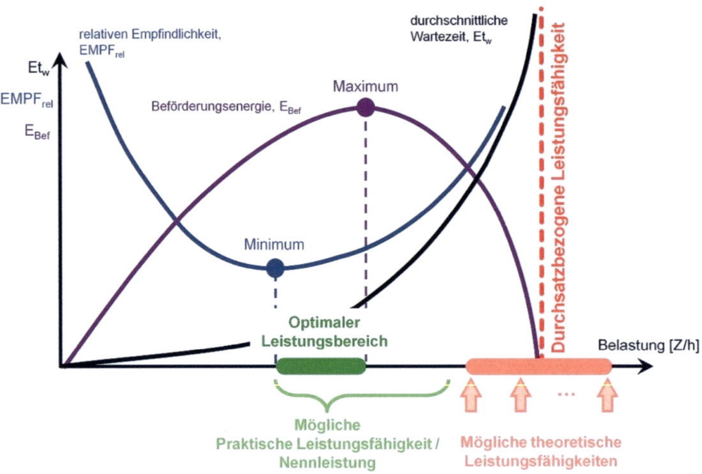

Abbildung 2:   Zusammenhang zwischen verschiedenen Leistungsfähigkeiten (Quelle: [Martin & Chu 2012])

---

[3] Eingangsbelastung = Ausgangsbelastung

Der optimale Leistungsbereich, der durch das Minimum und die relative Empfindlichkeit und das Maximum der Beförderungsenergie bestimmt wird, befindet sich im dunkelgrünen Bereich der oberen Abbildung 2. Da er unter Berücksichtigung der Betriebsqualität (Wartezeit) bestimmt wird, ist er im Bereich der möglichen praktischen Leistungsfähigkeit / Nennleistung verortet. Im Allgemeinen liegt eine praktische Leistungsfähigkeit / Nennleistung links von den (möglichen) theoretischen Leistungsfähigkeiten, weil eine theoretische Leistungsfähigkeit die maximal verarbeitbare Anzahl von Zügen bei einer Fahrplanerstellung ohne Berücksichtigung der Betriebsqualität repräsentiert. Die durchsatzbezogene Leistungsfähigkeit bildet nach ihrer Definition den "Erwartungswert" der möglichen theoretischen Leistungsfähigkeiten von unterschiedlichen Zugfolgefällen. Somit wird die durchsatzbezogene Leistungsfähigkeit im Bereich der möglichen theoretischen Leistungsfähigkeiten lokalisiert.

Alle diese Kenngrößen sind keine reinen Eigenschaften der Eisenbahninfrastruktur, sondern hängen auch direkt von einem vorgegebenen Betriebsprogramm, der anzuwendenden Dispositionsstrategie sowie der einzuhaltenden Qualitätsgrenze ab. Sie sind mit unterschiedlichen Verfahren abzustimmen, welche in den folgenden Abschnitten dargestellt werden.

2.2   Vorhandene Methoden

Es gibt verschiedene Kenngrößen bei Leistungsuntersuchungen. Um diese zu ermitteln, wurden mehrere entsprechende Methoden entworfen. Eine der wichtigsten Kenngrößen ist die Wartezeit (planmäßige und/oder außerplanmäßige Wartezeit, siehe Abschnitt 2.4), die unmittelbar mit der Betriebsqualität verbunden ist. Infolgedessen verfolgen die verschiedenen Methoden der Leistungsuntersuchungen das Ziel, die Wartezeiten zu ermitteln. In den folgenden Abschnitten wird kurz auf die einzelnen Methoden eingegangen

2.2.1   Statistische/deterministische Methode

Wie in [DB Netz AG 2008] erläutert, basiert diese Methode auf der Auswertung vorhandener Daten des Ist-Zustands (realer Betriebsablauf). Mit ihr können Aussagen über die Qualität (z.B. Häufigkeit und Größe von Verspätungen) bzw. teilweise auch über Engpässe getroffen werden. Der Hauptunterschied zwischen der statistischen/deterministischen Methode und der experimentellen Methode sind die rohen Daten, die der Methode zugrunde liegen. Im Gegensatz zu den Daten aus Simulationen für die experimentelle Methode werden bei der statistischen/deterministischen Methode nur die Daten aus dem wirklichen Betriebsablauf (Realität) eingesetzt. Deswegen wird diese Methode in [Muthmann 2005] auch als „Betriebsanalyse" bezeichnet.

2.2.2 Analytische Methode

In der Eisenbahnbetriebswissenschaft können die Qualität auf Netzelementen, Leistungskenngrößen und Kapazitätsgrenzen unabhängig von einem konkreten Fahrplan durch die analytischen Methoden berechnet werden. Derartige Berechnungen können nicht nur für den Prozess der Fahrplanerstellung sondern auch im Prozess der Betriebsdurchführung angewendet werden. Außerdem lassen sich die Engpassanalyse und die Bemessung von Netzelementen mit den analytischen Methoden durchführen [DB Netz AG 2008].

Die verschiedenen analytischen Methoden basieren grundsätzlich auf der Wahrscheinlichkeitstheorie und der Bedienungstheorie (vgl. u.a. [Potthoff 1969] und [Schwanhäußer 1978]). Die Infrastruktur, das Betriebsprogramm (der Fahrplan) sowie die Störungen werden mit Bedienungsstellen bzw. entsprechenden mathematischen Verteilungen modelliert. Deswegen wird die analytische Methode in [Muthmann 2005] als „mathematische Methode" bezeichnet. Die Modellierungseinheiten für die Infrastruktur sind **Teilfahrstraßenknoten** (TFK), **Gesamtfahrstraßenknoten** (GFK) und **Gleisgruppe** (s. u.a. [Schwanhäußer 1978] und [Vakhtel 2002]), die jeweils mit passenden Bedienungssystemen modelliert werden. Die Teilfahrstraßenknoten werden so abgegrenzt, dass sich in ihnen alle gleichzeitigen Fahrmöglichkeiten ausschließen, damit sie die Eigenschaft eines einkanaligen Bedienungssystems erfüllen können. Bei großen Eisenbahnknoten können die Infrastrukturen durchaus komplex aufgebaut sein. Dabei werden die Weichenzonen (mehrere TFK) als Gesamtfahrstraßen (GFK) modelliert, die einem speziellen Bedienungssystem (multiresource queue [Nießen 2008]) entsprechen. Im Vergleich zu TFK und GFK werden die Gleisgruppen mit mehrkanaligem Bedienungssystem modelliert, in denen gleichzeitig in den unterschiedlichen Kanälen Fahrten stattfinden können.

Nachdem die Infrastruktur passend abgebildet wurde, ist das Betriebsprogramm mathematisch zu beschreiben. In der analytischen Methode werden die Zugfahrten als Anforderungen im Bedienungssystem angesehen. Somit können die Ankunftszeitpunkte der Zugfahrten, die sich aus dem Betriebsprogramm ergeben, als Zufallsvariable durch eine passende Verteilung beschrieben werden. Die Bedienungszeiten der Zugfahrt in der Bedienungsstelle (TFK/GKF/Gleisgruppe) ergeben sich aus der Belegungszeiten (Mindestzugfolgezeiten) der Zugfahrten, die wiederum als eine Zufallsvariable betrachtet und mit einer statistischer Verteilung modelliert werden.

Solange die Infrastruktur und das Betriebsprogramm mit einem passendem mathematischem Modell abgebildet werden, können die durchsatzbezogene Leistungsfähigkeit und das funktionale Verhältnis zwischen Auslastung und Wartezeit analysiert und eine geschlossene Lösung abgeleitet werden. Außerdem können die Engpässe direkt nach der Wartezeit, die durch jede Bedienungsstelle verursacht wird, identifiziert werden.

2.2.3   Konstruktive Methode

Die konstruktive Methode lässt sich grundsätzlich auch händisch anwenden. Sie basiert ausschließlich auf Sperrzeiten und Sperrzeitentreppen (Zeitverbräuchen) der Zugfahrten bzw. Rangierfahrten. Die Zeitverbräuche werden grafisch dargestellt, die Überlagerung von Sperrzeiten als Konflikt identifiziert und gelöst. Die konstruktive Methode dient zur Konstruktion von konfliktfreien Fahrplänen sowie der Optimierung der Zugfahrten und Umläufe ([DB Netz AG 2008]). Der sich daraus sich ergebende Fahrplan kann als Vorgabe für die Simulation verwendet werden.

2.2.4   Simulative Methode

Die simulative Methode (Simulationsmethode) wird u.a. in [Muthmann 2005] als „experimentelle Methode" bezeichnet. Wie der Name bereits gesagt, basiert die simulative Methode direkt auf dem Experiment. Jedoch wird das Experiment nicht auf Grundlage des realen Betriebs, sondern mithilfe eines Simulationswerkzeugs, durchgeführt. Dadurch werden sowohl der Zeitaufwand als auch die Kosten für das „Experiment" gering gehalten.

Wird das Experiment mit einem Simulationswerkzeug durchgeführt, sind die Fahrzeuge, die Infrastruktur, der Fahrplan (das Betriebsprogramm) sowie die betrieblichen Störungen (Urverspätungen) mit einem passenden Modell im Simulationswerkzeug abzubilden. Je genauer das Modell die Realität abbildet, desto mehr Aussagekraft wird durch die simulative Methode gewonnen. Mit der simulativen Methode können im Allgemeinen konfliktfreie Fahrpläne konstruiert (z.B. durch die Fahrplansimulation) sowie die Robustheit der Fahrpläne gegen betriebliche Störungen (z.B. durch die Betriebssimulation) untersucht werden. Je nach der Funktionalität des Simulationswerkzeugs können die Betriebsqualität der Netzelemente sowie Engpässe bestimmt werden.

Heutzutage werden softwarebasierte Simulationen des Eisenbahnbetriebs grundsätzlich in zwei Kategorien aufgeteilt: *asynchrone Simulationen* und *synchrone Simulationen* [DB Netz AG 2008]. Der Unterschied liegt in der Modellierung des Ablaufs der Zugfahrten. Bei der asynchronen Simulation werden die Zugfahrten nach ihrer Priorität ohne Änderung der Sperrzeittreppe auf der Strecke im Fahrplan hinzugefügt. Falls eine Zugfahrt mit niedriger Priorität einen Konflikt mit einer Zugfahrt mit hoher Priorität verursacht, wird die Zugfahrt mit niedriger Priorität nach hinten verschoben. Im Vergleich dazu werden alle Zugfahrten in der synchronen Simulation gleichzeitig simuliert. Im Konfliktfall werden die Züge nach ihrer Ankunftsreihenfolge ggf. mit Dispositionsmaßnahmen behandelt. Die beiden Arten der Simulationen besitzen Vor- und Nachteile und können beide die Realität nicht vollständig abbilden. Deswegen werden zunehmend die Elemente der jeweils anderen Kategorie in den Softwarewerkzeugen der beiden Simulationsarten berücksichtigt, um die Realitätsnähe der Modellbildung zu verbessern.

2.3   Bewertungsansätze

Während der Entwicklung der Eisenbahnbetriebswissenschaft wurden zahlreiche Bewertungsansätze für verschiedene Ziel- und Aufgabenstellungen entworfen. In [Schmidt 2009] wurden die wichtigen Bewertungsansätzen, die für Leistungsuntersuchungen im spurgeführten Verkehr relevant sind, recherchiert. Hier werden die für die vorliegende Arbeit wichtigen Punkte aus der Arbeit von [Schmidt 2009] zusammengefasst dargestellt.

2.3.1   Empirische Qualitätsmaßstäbe

Die empirischen Qualitätsmaßstäbe werden als ein direkter Ansatz zur Bewertung der Qualität angesehen. Aus den empirischen Maßstäben und den ermittelten Kenngrößen wird die Qualität des Betriebs direkt bestimmt. In [Schwanhäußer 1987], [DB Netz AG 2008] und [Internationaler Eisenbahnverband (UIC) 2004] wurden verschiedene empirische Maßstäbe (Qualitätsstufen) bzgl. unterschiedlicher Kenngrößen entwickelt. In [Martin et al. 2008] wird eine Empfehlung der Grenzwerte bzgl. der Qualitätsstufen für den Verspätungszuwachs vorgeschlagen.

2.3.2 Verkehrswirtschaftlicher Qualitätsmaßstab nach Jochim

In [Jochim 1999] wurde ein Verfahren zur Ermittlung der Nennleistung einer Strecke entwickelt. Die Nennleistung bezieht sich auf die maximale Differenz von Kosten und Erlösen, die mit verschiedenen verkehrswirtschaftlichen Ansätzen ermittelt werden. Ein Vorteil des Verfahrens liegt darin, dass keine abgeleiteten betrieblichen Parameter sondern nur die betriebswirtschaftlichen Kenngrößen einbezogen werden.

2.3.3 Physikalischer Qualitätsmaßstab nach Oetting

Ähnlich wie der verkehrswirtschaftliche Qualitätsmaßstab von [Jochim 1999] wurde ein physikalischer Qualitätsmaßstab von [Oetting 2005] entwickelt. Nach dem Verfahren von [Oetting 2005] bezieht sich die Nennleistung einer Strecke auf den maximalen Gewinn, der durch die physikalischen Kenngrößen - Transportkraft bzw. Transportimpulsdifferenz - ermittelt werden kann. Mit dem physikalischen Qualitätsmaßstab nach Oetting können die Auswirkungen der Änderungen der Infrastruktur sowie des Betriebsprogramms auf die Leistungsfähigkeit untersucht werden.

2.3.4 Streckendurchsatzleistung nach Muthmann

In [Muthmann 2004] wurde ein anderes Verfahren zur Ermittlung der optimalen Auslastung entwickelt. Das Verfahren basiert grundsätzlich auf der Kenngröße „Streckendurchsatzleistung", die nach [Muthmann 2004] als „das Produkt aus dem Durchsatz einer Strecke und deren Beförderungsgeschwindigkeit" definiert wird. Das Verfahren kann mit oder ohne konkreten Fahrplan durchgeführt werden.

2.3.5 Optimaler Leistungsbereich nach Hertel

In [Hertel 1992] und [Hertel 1995] wurde die Methode zur Ermittlung des optimalen Leistungsbereichs für Leistungsuntersuchung beschrieben. Die Methode basiert grundsätzlich auf einer Wartezeitfunktion mit verschiedenen Parametern, die das Verhältnis zwischen der Belastung und Betriebsqualität (Wartezeit) darstellt. Die Parameter der Wartezeitfunktion werden je nach Betriebsprogramm, sowie Infrastruktur berechnet. Sofern die Parameter der Wartezeitfunktion bekannt sind, ist ein bestimmter Bereich der Belastung zu identifizieren. Dieser Bereich wird von Hertel als der optimale Leistungsbereich bezeichnet. Nach der Methode von Hertel werden die Erlöse im unteren Bereich wegen niedriger Zugzahl zu gering. Falls die Zugzahl über der Obergrenze des optimalen Leistungsbereichs liegt, wird die Infrastruktur überlastet. Somit ist eine hinreichende Betriebsqualität (Pünktlichkeit) schwierig zu gewährleisten, d.h. es ist mit einem Kundenverlust zu rechnen.

Außer den zu bestimmenden Parametern der Wartezeitfunktion spielt die Variable η, die die Auslastung der Infrastruktur bezeichnet, bei der Bestimmung des optimalen Leistungsbereichs eine wichtige Rolle. In der Warteschlangetheorie ergibt sich die Auslastung als Quotient aus durchschnittlicher Bedienungszeit $E(B)$ und durchschnittlichem Ankunftsabstand $E(A)$. Da die Bedienungszeiten bei der Modellierung des Eisenbahnbetriebs unterschiedlichen Mindestzugfolgezeiten von verschiedenen Zugfolgenfällen entsprechen, repräsentiert $1/E(B)$ dann die durchsatzbezogene Leistungsfähigkeit (siehe Definition in Abschnitt 2.1). Gleichzeitig ergibt sich die tatsächliche Zugzahl pro Stunde (Belastung) aus $1/E(A)$. Dann gilt:

$$\eta = \frac{E(B)}{E(A)} = \frac{\frac{1}{E(A)}}{\frac{1}{E(B)}} = \frac{\text{Belastung}}{\text{Durchsatzbezogene Leistungsfähigkeit}} \qquad (\,2\text{-}1\,)$$

Somit liegt die Auslastung im Bereich [0,1], wenn die Belastung die durchsatzbezogene Leistungsfähigkeit nicht überschreitet.

Sowohl aus der Warteschlangetheorie als auch aus den praktischen Erfahrungen steigt die durchschnittliche Wartezeit pro Zug an, wenn die Auslastung (Zugzahl) zunimmt. Zusätzlich sind zwei weitere Kenntnisse über das Verhältnis zwischen der Wartezeit und der Auslastung zu berücksichtigen. Erstens beträgt die Wartezeit null, wenn die Auslastung bei null liegt. Zweitens konvergiert die Wartezeit gegen unendlich bei einer stationären Phase, wenn die Auslastung bei eins liegt. Darauf basierend wurden zwei Methoden zur Bestimmung der Wartezeitfunktion entworfen, die in [Hertel 1995] erwähnt werden. In der ersten Methode wird eine einkanalige und einphasige Bedienungsstelle zur Modellierung einer Eisenbahnstrecke verwendet. Die Wartezeitfunktion ETw wird mit folgender Formel bestimmt:

$$ETw\,(\eta) = \frac{\eta \cdot K}{2 \cdot \mu \cdot (1 - \eta)} \qquad (\,2\text{-}2\,)$$

mit

$$K = V^2 T_A + \left[(1 + V^2 T_A) \cdot \eta^{(1 - V^2 T_A)} - V^2 T_A\right] \cdot V^2 T_B \qquad (\,2\text{-}3\,)$$

wobei

- η: Auslastung
- $\mu = 1/E(B)$: Bedienintensität, Kehrwert der durchschnittlichen Mindestzugfolgezeiten
- $ETw\,(\eta)$: durchschnittliche Wartezeit bzgl. der Auslastung η
- $V^2 T_A$: quadratischer Variationskoeffizient der Ankunftsabstände
- $V^2 T_B$: quadratischer Variationskoeffizient der Bedienungszeiten

bezeichnet.

In der zweiten Methode werden Simulationen (Monte-Carlo-Methode) benötigt. Die Fahrpläne mit unterschiedlichen Belastungen (Auslastungen) sind zu simulieren und die zugehörigen Wartezeiten werden zusammengefasst. In [Ludwig 1990] wurde eine Modellfunktion für Eisenbahnteilstrecken entwickelt:

$$ETw(\eta) = \frac{a \cdot \eta}{(1 - \eta)^b} \qquad (\,2\text{-}4\,)$$

wobei

- ETw: Wartezeitfunktion,
- a, b: Parameter der Wartezeitfunktion,
- η: Auslastung

bezeichnet. Anhand der Simulationsergebnisse werden die Parameter der Modellfunktion mit einer Approximationsmethode bestimmt. Die Wartezeitfunktion ergibt sich dann aus der Modellfunktion mit den festgelegten Parametern.

Basierend auf der Wartezeitfunktion hat [Hertel 1995] zwei weitere Kurven abgeleitet, mit denen jeweils die beiden Grenzen des optimalen Leistungsbereichs bestimmt werden können.

Eine Kurve wird als relative Empfindlichkeit $EMPF_{rel}$ bezeichnet, die sich aus dem Quotienten der ersten Ableitung der Wartezeit $ETw'(\eta)$ und der Wartezeit selbst $ETw(\eta)$ ergibt:

$$EMPF_{rel}(\eta) = \frac{ETw'(\eta)}{ETw(\eta)} \qquad\qquad (\ 2\text{-}5\ )$$

wobei

- $EMPF_{rel}(\eta)$): relative Empfindlichkeit,
- $ETw(\eta)$: Wartezeitfunktion,
- $ETw'(\eta)$: Erste Ableitung der Wartezeitfunktion,
- η: Auslastung

bezeichnet. Liegt die Auslastung bei null oder eins, geht die $EMPF_{rel}$ gegen unendlich. Da $ETw'(\eta)$ und $ETw(\eta)$ beide größer gleich null sind, liegt $EMPF_{rel}(\eta)$ ebenfalls über null. Damit gibt es wegen der Stetigkeit der Funktion $ETw'(\eta)$ ein Minimum von $EMPF_{rel}$, das die Untergrenze des optimalen Leistungsbereichs festlegt. Das Minimum bedeutet, dass der Anstieg der mittleren Wartezeit gegenüber der mittleren Wartezeit selbst bei steigender Belastung am kleinsten ist.

Der Zusammenhang zwischen der Wartezeitfunktion, der relativen Empfindlichkeit, der Beförderungsenergie sowie dem optimalen Leistungsbereich wird in Abbildung 3 schematisch dargestellt.

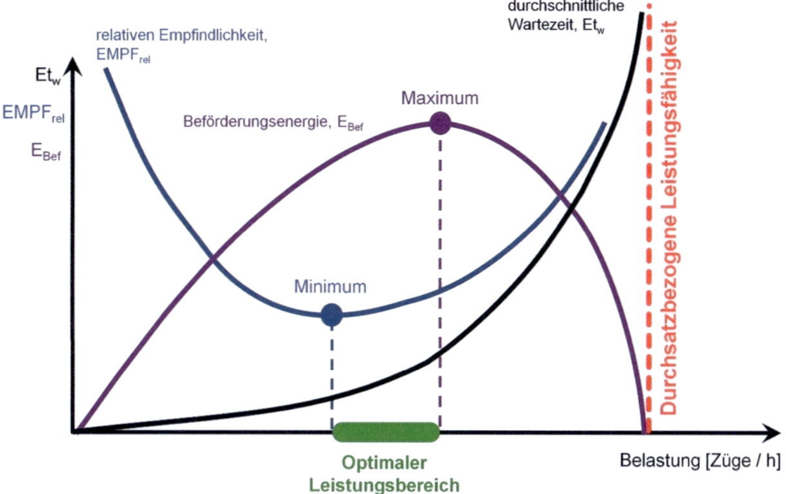

Abbildung 3:   **Leistungsuntersuchung zur Ermittlung des optimalen Leistungsbereichs**

Die zweite Kurve, deren Maximum die Obergrenze des optimalen Leistungsbereichs definiert, wird in [Hertel 1992] Beförderungsenergie genannt. Die Beförderungsenergie ergibt sich aus dem Produkt des Durchsatzes und der durchschnittlichen Beförderungsgeschwindigkeit. Bei Auslastung gleich null beträgt die Zugzahl null. Ist die Auslastung gleich eins, geht die Wartezeit pro Zug (in stationärer Phase) gegen unendlich, somit sinkt die Beförderungsgeschwindigkeit gegen null. Da die Funktion der Beförderungsenergie ebenfalls stetig ist, gibt es ein Maximum zwischen Auslastung gleich null und gleich eins. In [Hertel 1992] wird die normierte Beförderungsenergie EQN nach folgender Formel berechnet:

$$\text{EQN}(\eta) = \frac{\eta}{1 + \dfrac{ETw(\eta)}{ET_F}} \qquad (2\text{-}6)$$

wobei

- $\text{EQN}(\eta)$: normiert Beförderungsenergie,
- $ETw(\eta)$: Wartezeitfunktion,
- ET_F: durchschnittliche Grundbeförderungszeit
- η: Auslastung

bezeichnet.

Hertel weist in [Hertel 1995] darauf hin, dass die Unter- und Obergrenze des optimalen Leistungsbereichs von der Verteilung der Ankunftsabstände (Zugfolgezeiten) sowie von den Bedienungszeiten (Mindestzugfolgezeiten) abhängig ist. Je geringer die Streuung von Ankunftsabständen und Bedienungszeiten (Homogenität des Betriebsprogramms) sind, desto höher liegen die beiden Grenzen.

Die Methode der Simulation zur Bestimmung der Wartezeitfunktion wurde von [Schmidt 2009] weiterentwickelt. Zwei Algorithmen zur Generierung des zufälligen Fahrplans wurden entwickelt, mit denen Fahrpläne mit unterschiedlichen Belastungen erstellt werden können (siehe Abschnitt 3.2). Um die durchsatzbezogene Leistungsfähigkeit bei unterschiedlichen Untersuchungsbereichen (nicht nur Eisenbahnstrecken) zu berechnen, hat Schmidt einen neuen Ansatz entwickelt, der auf bestimmten Indikatoren (Eingangs- und Ausgangsbelastung sowie Wartezeiten aus unterschiedlichen Auswertezeiträumen) basiert (siehe Abschnitt 5.1.2). Mit dem Beitrag von [Schmidt 2009] wurde die Praxistauglichkeit des Verfahrens zur Leistungsuntersuchung nach [Hertel 1992] weiter verbessert.

In der vorliegenden Arbeit wird das Verfahren nach [Hertel 1992] mit der simulativen Methode weiterentwickelt. Das bedeutet, dass die zugrundliegende Modellbildung der Realität (Bahnbetrieb) in der Simulation (detaillierte Beschreibung in Abschnitt 2.4) sowie die Ableitung des optimalen Leistungsbereichs aus der Wartezeitfunktion übernommen werden. Die Schwächen des jetzigen Verfahrens, die in dieser Arbeit verbessert werden, sind in Abschnitt 2.5 zusammengefasst. Durch den Beitrag dieser Arbeit werden die Genauigkeit sowie die Aussagekraft des Verfahrens nach [Hertel 1992] erhöht.

2.4   Wesentliche Aspekte der Modellbildung

Um den Eisenbahnbetrieb in der Simulation (Simulationswerkzeug) zu modellieren, sind folgende Komponenten[4] notwendig: Fahrzeuge, Infrastruktur und Fahrplan (Betriebsprogramm). Sie müssen im Simulationswerkzeug hinreichend genau abgebildet werden. Wegen der Einschränkung der Rechnertechnik muss der Umfang der Simulation abgegrenzt werden (wie z.B. das Hydrosystem, das auch nicht für die ganze

---

[4] Die anderen Komponenten (z.B. Störungen und Disposition usw.) sind evtl. bei bestimmter Aufgabenstellungen erforderlich.

Welt unendliche lange simuliert werden kann). Bei der Simulation des Eisenbahnbetriebs sind eine räumliche und zeitliche Abgrenzung vor der Modellbildung festzulegen. Der Ausschnitt der Infrastruktur, für den die Untersuchung durchgeführt wird, wird als **Auswerteraum / Untersuchungsraum** definiert [DB Netz AG 2008]. Die zeitliche Abgrenzung wird durch den **Untersuchungszeitraum** festgelegt, unter dem man den Zeitraum versteht, in dem die Simulation durchgeführt wird. [DB Netz AG 2008]. In [Schmidt 2009] wird diese zeitliche Abgrenzung auch als **Simulationszeitraum** bezeichnet. Ein wichtiger Teil des Simulationszeitraums, für den "die Ergebnisse der Untersuchung ausgewertet werden" [DB Netz AG 2008], heißt **Auswertezeitraum**. Der Zeitraum zwischen dem Simulationsbeginn und dem Anfang des Auswertezeitraums wird in dieser Arbeit als **Vorlaufzeit** bezeichnet.

Bei der Modellierung des Fahrplans werden einzelne Züge in eine **Zuglaufgruppe / Zugfamilie** gruppiert, unter der man eine "Gruppe von Zügen mit gleichen oder ähnlichen Eigenschaften, die auf gleichen oder ähnlichen Fahrwegen verkehren" [DB Netz AG 2008] versteht. In jeder Zuglaufgruppe / Zugfamilie wird ein **Modellzug** definiert, "der hinsichtlich seiner Eigenschaften repräsentativ für eine Zugfamilie ist" [DB Netz AG 2008]. Ein Fahrplan enthält möglicherweise **planmäßige Wartezeiten**, die die "Wartezeit aufgrund einer Behinderung durch einen anderen Zug im Zustand der Fahrplanerstellung" [DB Netz AG 2008] bezeichnen. Die planmäßige Wartezeit ist nach [Schmidt 2009] vor der Untersuchung mit dem Verfahren nach [Hertel 1992] zu entfernen, um die reine **außerplanmäßige Wartezeit** zu untersuchen. Dies ist u.a. deshalb notwendig, um verfälschende Effekte, die aufgrund planmäßiger Wartezeiten, deren Ursache außerhalb des Auswerteraums liegen, zu vermeiden [Martin & Schmidt 2010]. Außerplanmäßige Wartezeit bedeutet "Wartezeit aufgrund einer Behinderung durch einen anderen Zug im Zustand des Betriebsablaufes, sofern diese nicht bereits im Fahrplan enthalten ist" [DB Netz AG 2008].

Sobald die Datenbasis aufbereitet wurde, kann das Verfahren nach [Hertel 1992] in der Simulation Schritt für Schritt durchgeführt werden. Die detaillierte Vorgehensweise wird in [Schmidt 2009] dokumentiert. Hier werden nur die wesentlichen Schritte beschrieben.

Im ersten Schritt sind zufällige Fahrpläne als Stichprobe zu generieren. Dabei muss das zu untersuchende grobe Betriebsprogramm (bzw. der Fahrplan[5]) als Randbedingung der Untersuchung bei der Erzeugung der zufälligen Fahrpläne beibehalten werden. Solche zufälligen Fahrpläne werden in [Martin et al. 2008] und [Schmidt 2009] als **Fahrplanverdichtung** bezeichnet. Sie dienen zur Modellierung des künftigen Fahrplans, der in der langfristigen Planung normalerweise nicht bekannt ist, sowie der zufälligen Störungen im Betrieb. Bei der Erstellung der Fahrplanverdichtung wird der Simulationszeitraum in kleinere Zeiteinheiten - **Zeitscheiben** - aufgeteilt, in denen dieselbe Regel zur zufälligen Generierung der Zugfahrten verwendet wird. Eine wichtige Funktion der Zeitscheibe ist die Gewährleistung der gleichmäßigen Verteilung der Zugfahrten im Simulationszeitraum, d.h. der Beibehaltung der Struktur des Betriebsprogramms. Die vorhandene sowie die angepasste Anwendung der Zeitscheibe in der Fahrplanverdichtung werden in Kapitel 3 diskutiert. Aus den Simulationsergebnissen der zufälligen Fahrpläne werden die Belastungen sowie die (außerplanmäßigen) Wartezeiten ermittelt, die als zugrundeliegende Eingangsdaten für die weiteren Schritte verwendet werden.

Im zweiten Schritt ist die durchsatzbezogene Leistungsfähigkeit, die als wichtiger Eingangsparameter für die weiteren Untersuchungsschritte erforderlich ist, anhand der Simulationsergebnisse zu bestimmen (siehe Kapitel 5). Die durchsatzbezogene Leistungsfähigkeit selbst kann auch als eine Kenngröße zum Vergleich unterschiedlicher Untersuchungsvarianten verwendet werden.

Im letzten Schritt wird der optimale Leistungsbereich anhand der relativen Empfindlichkeit und Beförderungsenergie, die aus der Wartezeitfunktion abgeleitet werden, ermittelt (siehe Kapitel 6). Bei der Bestimmung der Wartezeitfunktion wird eine Modellfunktion verwendet, deren Parameter mit den Simulationsergebnissen der Fahrplanverdichtungen (Belastungen und Wartezeiten) sowie der durchsatzbezogenen Leistungsfähigkeit berechnet werden.

Zur Veranschaulichung der Vorbereitung der Daten in der Simulation sowie der Durchführung des Verfahrens nach [Hertel 1992] dient Abbildung 4.

---

[5] Der zu untersuchende Fahrplan wird durch einen zeitlichen Ausschnitt des originalen Fahrplans bestimmt. Dieser zeitliche Ausschnitt wird als Fahrplanausschnitt bezeichnet. [Martin et al. 2008]

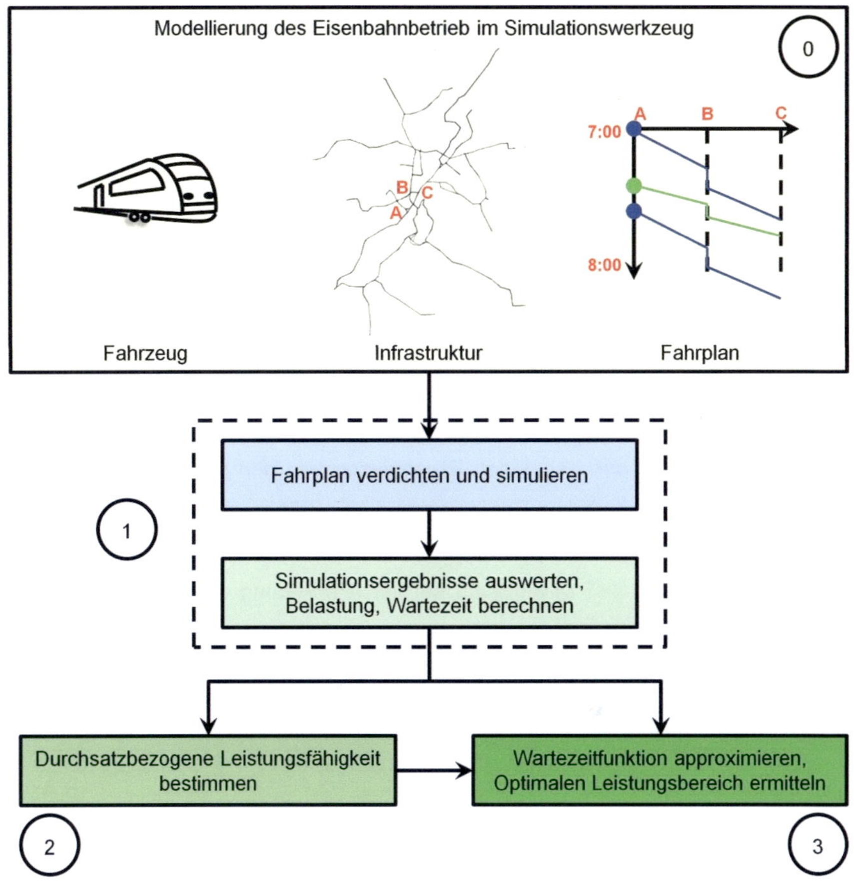

Abbildung 4: **Schematische Darstellung des Ablaufs der Leistungsuntersuchung nach [Hertel 1992]**

2.5 Bedarf zur methodischen Weiterentwicklung der Modellierung

Die Randbedingungen einer Untersuchung sind ein entscheidender Faktor für die Ergebnisse. Nur wenn sie bei der Durchführung der Untersuchung berücksichtigt und beibehalten werden, stellen die gelieferten Ergebnisse eine gültige Lösung der originalen Aufgabenstellungen dar. Für die Leistungsuntersuchungen im Schienenverkehr ist außer der Infrastruktur das Betriebsprogramm eine zu berücksichtigende Randbedingung. Die bisher vorhandenen Methoden können diese Randbedingung nur teilweise beibehalten (siehe Abschnitt 3.2). Eine Änderung dieser Randbedingung kann zu einem völlig anderen Ergebnis führen. Um das Problem zu lösen, wird die Idee einer "Dynamisierung von Zeitscheiben" eingeführt (siehe Abschnitt 3.3), durch die die Randbedingung ohne zusätzlichen (Zeit-) Aufwand hinreichend beibehalten wird.

Zusätzlicher Weiterentwicklungsbedarf besteht bei der Untersuchung der transienten Phase in der Simulation. Da die Zeitdauer des zu untersuchenden Eisenbahnbetriebs im Allgemeinen nicht unendlich lang ist und sich oftmals auf die Hauptverkehrszeit beschränkt, kann der Zustand des Systems nicht immer die stationäre Phase erreichen. In vielen Fällen befindet sich das Eisenbahnsystem (sowohl in der Realität als auch in der Simulation) noch in der transienten Phase. Viele Werte der Kenngrößen des Systems stimmen in der transienten Phase nicht mit den Werten in der stationären Phase überein. Jedoch werden die Wirkungen der transienten Phase in den bisher verwendeten Methoden fast nie berücksichtigt. Das führt zu einer systematischen Abweichung zwischen den gelieferten Ergebnissen und den richtigen Lösungen. In der Leistungsuntersuchung zur Ermittlung des optimalen Leistungsbereichs treten die Abweichungen sowohl bei der Bestimmung der durchsatzbezogenen Leistungsfähigkeit (siehe Abschnitt 5.3) als auch bei der Anwendung der bisherigen Modellfunktion zur Festlegung der Wartezeitfunktion (siehe Abschnitt 6.2.2) auf. In der vorliegenden Arbeit werden die Wirkungen der transienten Phase analysiert und Lösungsmaßnahmen entwickelt. Die Lösungsmaßnahmen führen zu zusätzlichen Berechnungsschritten, sowie erhöhtem Zeitaufwand. Jedoch sind diese zusätzlichen Aufwände im Vergleich zum Gesamtaufwand des Verfahrens nach [Hertel 1992] mit simulativer Methode recht klein (siehe Abschnitt 6.3) und können in der praktischen Anwendung akzeptiert werden.

3 Dynamisierung der Zeitscheiben für die Fahrplanverdichtung

Das Verfahrens nach [Hertel 1992] wurde in [Schmidt 2009] mit der Monte-Carlo-Methode durch Simulationen umgesetzt, um Leistungsuntersuchungen des Eisenbahnnetzes durchzuführen. Ausschlaggebend bei der Verwendung der Monte-Carlo-Methode ist die Generierung einer geeigneten Stichprobe. Die Stichproben müssen bei ihrer Generierung einerseits hinreichend zufällig sein, andererseits muss durch die generierten Stichproben auch die Realität hinreichend abgebildet werden.

3.1 Bedingungen bei der Fahrplanverdichtung

Die Fahrplanverdichtungen im Verfahren nach [Hertel 1992] funktionieren wie die Stichproben in der Monte-Carlo-Methode. Im Allgemeinen müssen die Stichproben die folgenden zwei Anforderungen erfüllen. Zunächst muss die Zufälligkeit der Stichproben gewährleistet werden. Zusätzlich müssen die Stichproben die Randbedingungen der Aufgabenstellung einhalten. Für die Leistungsuntersuchungen werden die beiden Anforderungen explizit mit den folgenden drei Bedingungen[6] umgesetzt, die nur teilweise von den derzeit vorhandenen Algorithmen zur Generierung der Fahrplanverdichtung erfüllt werden können, und deshalb in diesem Abschnitt diskutiert werden:

Erstens basiert eine Monte-Carlo-Methode im Allgemeinen auf zufälligen Stichproben, die alle zu untersuchenden Fälle statistisch abdecken. In der Leistungsuntersuchung zur Ermittlung des optimalen Leistungsbereichs entspricht die Stichprobe dem Fahrplan (Betriebsprogramm) in dem gewählten Auswertezeitraum. Da die meisten Parameter wie Fahrweg (Reihenfolge der Betriebsstellen), Fahrzeugeigenschaften und Betriebsprogramm (Zugmix) bereits als Randbedingungen der Leistungsuntersuchung vorgegeben sind, wird die Zufälligkeit des Fahrplans durch die unterschiedlichen Abfahrtszeitpunkte bzw. Ankunftszeitpunkte der Züge realisiert. Diese Zufälligkeit der Fahrpläne bzw. Abweichungen vom Eingangsfahrplan dient damit der Nachbildung von (außerplanmäßigen) Störungen im Betrieb.

---

[6] Die drei Bedingungen zur Fahrplanverdichtung wurden zum ersten Mal in [Chu & Martin 2012] zusammengefasst.

Zweitens ist es wichtig die Struktur des Betriebsprogramms (Zugmix) weitgehend beizubehalten, da von diesem Eingangsparameter alle Aussagen über das Leistungsverhalten abhängen. Eine ganzzahlige Zugzahl (z.B. 1 Zug/h * 150%) kann in den Fahrplanverdichtungen mit verschiedenen Verdichtungsstufen nicht direkt gewährleistet werden. In Simulationswerkzeugen werden jedoch nur ganzzahlige Zugzahlen zugelassen. Aus diesem Grund ist eine Anpassung des gebrochenen Anteils an Zügen in jeder Zuglaufgruppe im Fahrplanverdichtungsalgorithmus notwendig, die jedoch das Betriebsprogramm (Häufigkeitsverteilung der Zuglaufgruppe) nicht signifikant verändern darf. Ein allgemein anerkanntes Kriterium hierfür ist die Übereinstimmung des Erwartungswerts der generierten ganzzahligen Zugzahl und der erwünschten Zugzahl der jeweiligen Fahrplanvariante. Zudem sollte die Varianz der Zugzahl möglichst klein bleiben.

Dritter wichtiger Faktor ist der Takt im Fahrplan. Züge in realen Fahrplänen verkehren oft getaktet, zumindest im Personenverkehr. Der Zeitabstand zwischen den Zügen einer Zuglaufgruppe bleibt damit konstant. Da nicht vorausgesetzt werden kann, dass der genaue Fahrplan in Leistungsuntersuchungen für langfristige Planungen bekannt ist und im Betrieb zusätzlich zufällige Störungen untersucht werden müssen, werden weder der Abfahrtszeitpunkt der Züge, noch der Zeitabstand zwischen den Abfahrtszeitpunkten zweier Züge innerhalb einer Zuglaufgruppe definiert. Ein Takt innerhalb einer hinreichenden Ordnung wird für den Fahrplan jedoch vorausgesetzt. Für das Ergebnis der Leistungsuntersuchung ist die Zeitscheibe (siehe Abschnitt 3.2), die in [Martin et al. 2008] definiert wurde, von zentraler Bedeutung.

Die vorhandenen Algorithmen zur Generierung der Fahrplanverdichtungen können entweder nur die Zufälligkeit gewährleisten (siehe Abschnitt 3.2.1) oder nur die Struktur des Betriebsprogramms sowie eine hinreichende Ordnung beibehalten (siehe Abschnitt 3.2.2). Ein Algorithmus, der alle drei Bedingungen erfüllt, ist zu entwerfen, um die gültigen Stichproben zu generieren. In den folgenden Abschnitten werden zuerst die Probleme der vorhandenen Algorithmen detailliert beschrieben und danach die Ableitung des neuen Algorithmus erklärt.

3.2 Vorhandene Fahrplanverdichtungsalgorithmen

Die vorhandenen Fahrplanverdichtungsalgorithmen wurden im Programm zur Untersuchung des Leistungsverhaltens, kurz PULEIV, implementiert, das vom Verkehrswissenschaftlichen Institut Stuttgart GmbH entwickelt wurde [Martin et al. 2008]. Der Hauptzweck der Software besteht in der Vereinfachung von Leistungsuntersuchungen von Eisenbahninfrastrukturanlagen und insbesondere der Ermittlung des optimalen Leistungsbereichs. Um das zu untersuchende Zeitintervall des Fahrplans klar zu definieren, wird zunächst für jede Untersuchung (in PULEIV) ein Fahrplanausschnitt festgelegt. Die "Zeitscheibe" (siehe Abschnitt 2.4) wird zur gleichmäßigen Verteilung der Abfahrtszeitpunkte bei der Fahrplanverdichtung verwendet. Der Begriff „Simulationszeitraum" hat in diesem Zusammenhang eine zentrale Bedeutung. Da die generierten Fahrpläne nur die Zugfahrten im Simulationszeitraum (siehe Abschnitt 2.4) enthalten, muss die Länge des Simulationszeitraums mindestens der Länge des zu untersuchenden Zeitraums entsprechen.

In PULEIV kann eine Fahrplanverdichtung durch die Funktion „Modellzug kopieren" durchgeführt werden. Innerhalb des Simulationszeitraums wird, durch verschiedene Algorithmen, jeder Modellzug einer Zuglaufgruppe mit unterschiedlichen Regeln mehrmals mit abweichenden Fahrplananlagen kopiert. Die auf diese Weise kopierten Züge unterscheiden sich also nur durch die Abfahrtszeitpunkte. In den folgenden Abschnitten werden zwei vorhandene Algorithmen zur Fahrplanverdichtung (vgl. [Schmidt 2009]) vorgestellt sowie deren Vor- und Nachteile erörtert und verglichen.

3.2.1 Zufällige Züge einlegen

Der Algorithmus hat die zufällige Generierung von Abfahrtszeitpunkten zum Ziel, die so erzeugt werden, dass jeder Abfahrtszeitpunkt im Simulationszeitraum für jeden Zug gleich wahrscheinlich ist und die Abfahrtszeitpunkte der einzelnen Züge unabhängig voneinander sind. Um diesen Algorithmus zu verwenden, ist nur ein grobes Betriebsprogramm (kein konkreter Fahrplan) notwendig

Bevor der Algorithmus angewandt werden kann, muss die Länge der Zeitscheibe definiert werden, damit die Division des zuvor festgelegten Simulationszeitraums durch die Länge der Zeitscheibe ein ganzzahliges Ergebnis liefert. Der Simulationszeitraum wird nun gleichmäßig in Zeitscheiben unterteilt, um die Zugfahrten auf den gesamten Simulationszeitraum zu verteilen. Die Zeitscheiben werden nun mit Zugfahrten gefüllt, deren durchschnittliche Anzahl gleich der festgelegten Verdichtungsstufe bzw. der erwünschten Gesamtzugzahl[7] ist. Durch die Division der erwünschten Gesamtzugzahl durch die Anzahl der Zeitscheiben im Simulationszeitraum erhält man die erwünschte Zugzahl in einer Zeitscheibe. Da jede Zeitscheibe nur ganzzahlige Zugzahlen aufnehmen kann, ist eine Rundung der erwünschten Zugzahl in einem weiteren Schritt erforderlich. Das Ergebnis dieser Rundung (der durchschnittliche Wert aller möglichen Fälle) sollte gleich der erwünschten Zugzahl sein. Zu diesem Zweck wird eine Zufallszahl zwischen 0 und 1 generiert und mit dem Nachkommarest der erwünschten Zugzahl verglichen. Ist die Zufallszahl kleiner, so wird auf-, ansonsten abgerundet. Anschließend werden die Abfahrtszeiten der Züge mit einer zufälligen Gleichverteilung innerhalb der Zeitscheibe festgelegt. Der Algorithmus wird in Abbildung 5 dargestellt.

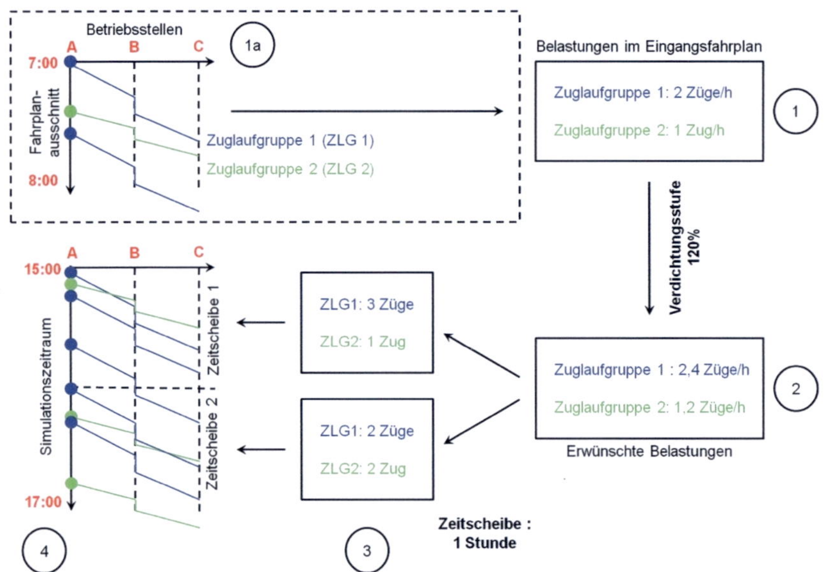

Abbildung 5:   Fahrplanverdichtungsalgorithmus "Zufällige Züge einlegen"

Das Beispiel in Abbildung 5 entspricht dem Beispiel 1 im Anhang I. Hierbei werden nur zwei Zuglaufgruppen (Fernreisezug 1 Zug/h und Nahreisezug 2 Züge/h) betrachtet. Dabei ist zu beachten, dass ein konkreter Fahrplan keine notwendige Vorgabe

---

[7] Die erwünschte Zugzahl ergibt sich aus dem Produkt der Eingangsbelastung (Belastung des originalen Fahrplans oder einer vorgegebene Belastung, die der Verdichtungsstufe 100% entspricht) und der Verdichtungsstufe.

für den Algorithmus ist (siehe Schritt "1a" in Abbildung 5). Das Beispiel 1 im Anhang I besitzt keinen konkreten Fahrplan sondern nur ein grobes Betriebsprogramm. Demnach fängt der Algorithmus direkt mit "Schritt 1" an. Bei der Verdichtungsstufe von 120% lassen sich die erwünschten Belastungen beider Zuglaufgruppen einfach berechnen: "Zuglaufgruppe 1" 2 * 1,2 = 2,4 Züge/h und "Zuglaufgruppe 2" 1 * 1,2 = 1,2 Züge/h. Da der Simulationszeitraum zwei Stunden (15:00 bis 17:00) und die Zeitscheibe den Standardwert (eine Stunde, siehe [Martin et al. 2008]) umfasst, wird die Zugzahl beider Zuglaufgruppen jeweils in zwei Zeitscheiben festgelegt. Aus der Rundungsfunktion ergeben sich die Belastungen für die beiden Zeitscheiben: Drei Züge von Zuglaufgruppe 1 und ein Zug von Zuglaufgruppe 2 in Zeitscheibe 1; Zwei Züge von Zuglaufgruppe 1 und zwei Züge von Zuglaufgruppe 2 in Zeitscheibe 2. Solange die Zugzahl einer Zeitscheibe berechnet wird, können die entsprechenden zufälligen Abfahrtszeitpunkte der Züge generiert und der Modellzug kopiert werden.

Nun werden die zu erfüllenden Bedingungen bei der Fahrplanverdichtung (siehe Abschnitt 3.1) geprüft. Die Bedingung der „Zufälligkeit" (siehe Abschnitt 3.1) wird eingehalten, indem die Abfahrtszeitpunkte in diesem Algorithmus zufällig und gleichmäßig in jeder Zeitscheibe verteilt werden. Ob sich das Betriebsprogramm (Zugmix) verändert oder nicht, wird durch einen algorithmischen Test sichergestellt.

Im Beispiel wird der Simulationszeitraum von 0:00 bis 6:00 Uhr festgelegt. Alternativ ist es auch möglich auf Zeitscheiben von zwei oder drei Stunden zurückzugreifen, die dazu dienen die Varianz der Zugzahl zu vergleichen. Der Simulationszeitraum (sechs Stunden) wird bei einer zweistündigen Zeitscheibe in drei Zeitscheiben, bei dreistündiger Zeitscheibe in zwei Zeitscheiben aufgeteilt. Die Zugzahl wird hier nur für eine Zuglaufgruppe mit erwünschten Werten zwischen 0 und 12 erstellt. In einem letzten Schritt wird die Varianz der Zugzahl ermittelt. In Abbildung 6 sind die Ergebnisse dargestellt.

In beiden Varianten der Zeitscheibe fangen die Varianzen der Zugzahl bei null an. Die Varianz der Zugzahl mit der Zeitscheibe von drei Stunden erreicht ihr Maximum, wenn die erwünschte Gesamtzugzahl auf eins gestiegen ist. Die erwünschte Gesamtzugzahl beträgt dann 0,5 Züge pro Zeitscheibe. Der Algorithmus generiert immer einen oder null Züge in einer Zeitscheibe. Daraus folgt die Varianz der Zugzahl als:

Dynamisierung der Zeitscheiben für die Fahrplanverdichtung

$$2 \text{ (Zeitscheiben)} * ((1 - 0,5)^2 * 0,5 + (0,5 - 0)^2 * 0,5) = 0,5.$$

Die Varianz der Zugzahl mit der Zeitscheibe von zwei Stunden erreicht ihr Maximum bei 1,5 erwünschter Gesamtzugzahl. Dann ist die Varianz:

$$3 \text{ (Zeitscheiben)} * ((1 - 0,5)^2 * 0,5 + (0,5 - 0)^2 * 0,5) = 0,75.$$

Beträgt die erwünschte Gesamtzugzahl zwei oder drei Züge, was jeweils einem Zug in einer Zeitscheibe von drei und zwei Stunden entspricht, dann verringern sich die Varianzen der Zugzahl bis zurück auf null. Danach verlaufen die beiden Varianzen periodisch mit der Periodendauer zwei bzw. drei Stunden.

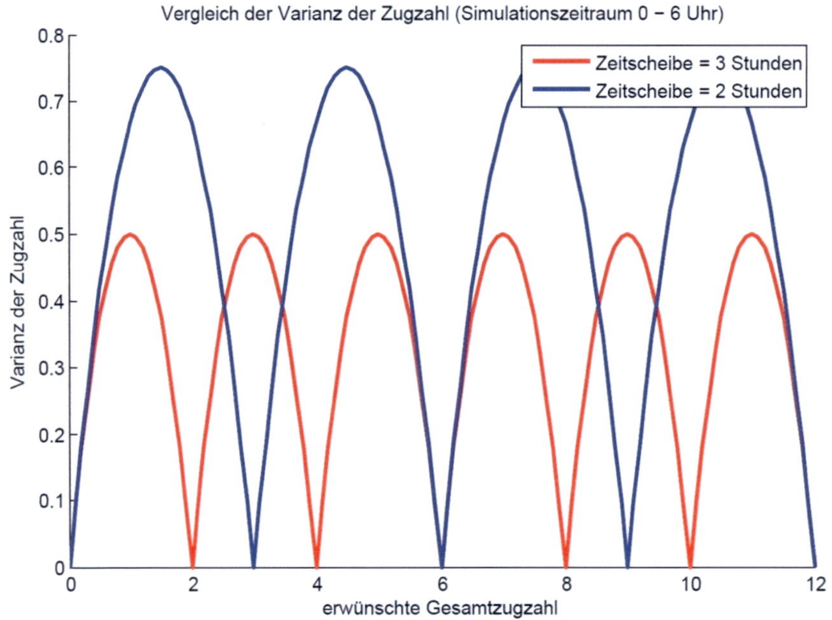

Abbildung 6: Vergleich der Varianz der Zugzahl bei verschiedenen Zeitscheiben (Quelle: [Martin & Chu 2012])

Wie in Abbildung 6 leicht zu erkennen ist, müssen die Varianzen der Zugzahl mit einer vorgegebenen Zeitscheibe (3 Stunden) nicht immer kleiner sein als mit der anderen Zeitscheibe (2 Stunden). Eine (willkürlich) vorgegebene Zeitscheibe ist daher für die Sicherstellung der kleinsten Varianz der Zugzahl nicht ausreichend

Die dritte Bedingung aus Abschnitt 3.1 (hinreichende Ordnung im Fahrplan) wird nur teilweise erfüllt. Zum einen werden die Züge jeder Zuglaufgruppe in jeder Zeitscheibe über den Simulationszeitraum gleichmäßig verteilt, zum anderen wird der durchschnittliche Abstand der Abfahrtszeitpunkte zweier nacheinander fahrender Züge – mindestens innerhalb einer Zeitscheibe – nicht immer wie erwünscht gewährleistet. Liegt die erwünschte Zugzahl beispielsweise bei 1,5, wird streng nach Algorithmus die Zugzahl entweder auf eins oder auf zwei gesetzt. Der durchschnittliche Abstand der Abfahrtszeitpunkte wird dadurch durch „Länge der Zeitscheibe" / 2 oder „Länge der Zeitscheibe" festgelegt. Der erwünschte durchschnittliche Abstand sollte hingegen „Länge der Zeitscheibe" / 1,5 sein.

3.2.2 Fahrplan komprimieren

Grundidee des Algorithmus ist es, einen vorhandenen Fahrplan durch die Verkleinerung bzw. Vergrößerung der Zugfolgezeiten umgekehrt proportional zur Verdichtungsstufe zu verdichten. Um den Simulationsraum vollständig aufzufüllen, müssen ggf. mehrere komprimierte Zeitabschnitte aneinander gereiht werden. Falls der letzte Zeitabschnitt über den Simulationszeitraum hinaus geht, wird er abgeschnitten. Abbildung 7 zeigt die Funktionsweise des Algorithmus.

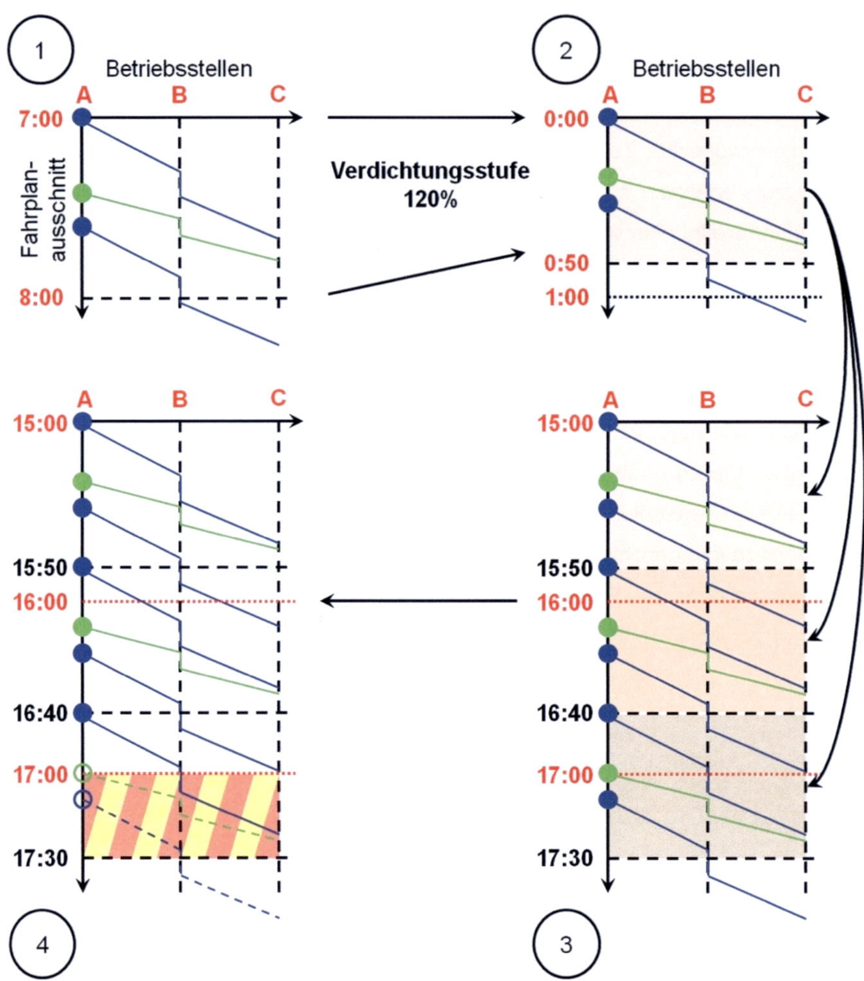

Abbildung 7:   Fahrplanverdichtungsalgorithmus "Fahrplan komprimieren"

Dasselbe Beispiel (Beispiel 1 im Anhang I) wie in Abbildung 5, jedoch mit Fahrplan-verdichtungsalgorithmus "komprimieren", wird in Abbildung 7 veranschaulicht. Da im Beispiel kein konkreter Fahrplan vorhanden ist, wird hierbei angenommen, dass für die zu betrachtenden Zuglaufgruppen (Fernreisezug 1 Zug/h und Nahreisezug 2 Zü-ge/h) die Abfahrtszeitpunkte bekannt sind. Nur dann kann der einstündige Fahrplan-ausschnitt nach der Verdichtungsstufe (120%) bis auf 50 Minuten komprimiert wer-den (Schritt 2 in Abbildung 7). Die komprimierten Abschnitte des Fahrplans werden hintereinander gelegt. Im letzten Schritt wird jeweils der letzte Zug beider Zuglaufgruppen aus dem Fahrplan entfernt, weil ihr Abfahrtszeitpunkt außerhalb des Simulationszeitraums liegt.

Im Gegensatz zur Methode „Zufällige Züge einlegen" handelt es sich hierbei um einen deterministischen Algorithmus, d.h. derselbe Eingangsfahrplan generiert mit derselben Verdichtungsstufe immer denselben Fahrplan. Die generierten Fahrpläne verfügen dann über keinerlei Zufälligkeit bzgl. des Eingangsfahrplans bzw. des vorgegebenen Betriebsprogramms. Aufgrund dieser Eigenschaft des Algorithmus (keine Zufälligkeit) ist eine Änderung des Betriebsprogramms nahezu ausgeschlossen und die generierten Fahrpläne besitzen eine unveränderliche Struktur. Dies erfüllt sowohl die zweite als auch die dritte Bedingung aus Abschnitt 3.1, nicht jedoch die erste.

3.3   Dynamisierung von Zeitscheiben

Da die Varianz der Zugzahl jeder Zuglaufgruppe relativ groß ist, kommt es mit einer (willkürlich) vorgegebenen Zeitscheibe (vgl. Abschnitt 3.2.1) bei einigen Fahrplanverdichtungen (Ganzzahl + 0,5 Züge/h in einer Zeitscheibe) mit großer Wahrscheinlichkeit zu Veränderungen des Betriebsprogramms. Zur Lösung dieses Problems sollte eine Dynamisierung der Zeitscheiben verwendet werden. Die folgenden zwei Algorithmen (Abschnitt 3.3.1 und 3.3.2) zur Fahrplanverdichtung wurden zum ersten Mal in [Chu & Martin 2012] beschrieben.

3.3.1   Dynamisierung der Zeitscheiben mit ganzzahliger Zugzahl

In Abbildung 6 wird dargestellt, wie die Varianz der Zugzahl einer Zuglaufgruppe von ganzzahlig n * Anzahl der Zeitscheiben bis $(n + 0,5)$ * Anzahl der Zeitscheiben ansteigt. Nach $(n + 0,5)$ * Anzahl der Zeitscheiben bis $(n + 1)$ * Anzahl der Zeitscheiben beginnt die Varianz wieder zu fallen. An Stellen mit ganzzahligem n ist die Varianz gleich null. Die große Varianz der Zugzahl bei der Fahrplanverdichtung ergibt sich also aus der Nachkommazahl der Züge. Es muss nun ein Algorithmus gefunden werden, der auf dieser Erkenntnis aufbaut und bei der Fahrplanverdichtung immer nur einen Zug in einer Zeitscheibe für eine Zuglaufgruppe erstellt. Um dies zu erreichen gibt es die Möglichkeit, die Länge der Zeitscheiben nach der erwünschten Zugzahl mit einem dynamischen Verfahren zu ermitteln. Der entsprechende Algorithmus ist folgendermaßen zu spezifizieren:

Dynamisierung der Zeitscheiben für die Fahrplanverdichtung

1. Die erwünschte Gesamtzugzahl jeder Zuglaufgruppe wird berechnet und gerundet. Dabei werden die originale Belastung aus dem Eingangsfahrplan, die Verdichtungsstufe sowie der Simulationszeitraum als Vorgabe benötigt.

2. Die Länge der Zeitscheibe ist zu bestimmen. Sie ergibt sich aus der Division des Simulationszeitraums durch die Gesamtzugzahl der Züge in einer Zuglaufgruppe.

3. In jeder Zeitscheibe wird nun eine Zufallszahl generiert, die zum Abfahrtszeitpunkt eines Zugs der betroffenen Zuglaufgruppe transformiert wird.

Das Ergebnis sind zuglaufgruppenspezifische Zeitscheiben. In Abbildung 8 wird der Algorithmus durch dasselbe Beispiel wie in Abbildung 5 veranschaulicht. Hier wird nur die Zuglaufgruppe 2 (Fernreisezug 1 Zug/h) betrachtet. Für diese Zuglaufgruppe mit Verdichtungsstufe 120% werden 1,2 Z/h erwünscht. es wird im Zeitraum von 0:00 bis 6:00 Uhr simuliert. Die erwünschte Gesamtzugzahl beträgt 1,2 [Z/h] * 6 [h] = 7,2 [Z]. Der Algorithmus ermittelt nun an dieser Stelle eine Zufallszahl. Ist diese kleiner als der Nachkommarest der erwünschten Gesamtzugzahl, so wird auf-, ansonsten abgerundet, wie im Beispiel gezeigt (0,7643 > 0,2). Es werden tatsächlich sieben Züge für diese Zuglaufgruppe in dieser Fahrplanverdichtung generiert. Aus dem Quotient der Länge des Simulationszeitraums und der Gesamtzugzahl ergibt sich eine Zeitscheibe von 0,86 Stunden.

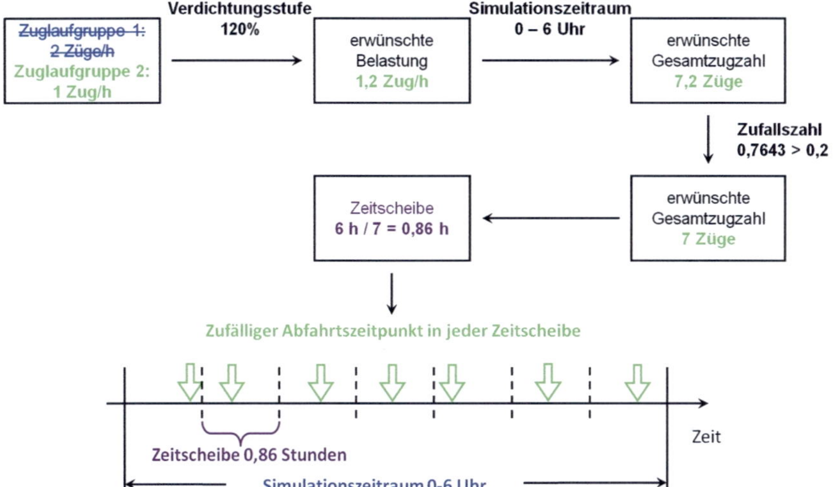

Abbildung 8: **Beispiel des Fahrplanverdichtungsalgorithmus "Dynamisierung der Zeitscheibe mit ganzzahliger Zugzahl"**

Der Algorithmus kann den Erwartungswert der Zugzahl wie „Zufällige Züge einlegen" (vgl. Abschnitt 3.2.1) garantieren. Die Varianz der Zugzahl einer Zuglaufgruppe (aus diesem Algorithmus) bewegt sich immer in einem Bereich kleiner gleich der Varianz von „Zufällige Züge einlegen", was sich mathematisch wie folgt beweisen lässt (der Beweis wird aus [Martin & Chu 2012] zitiert):

Varianz der Zugzahl von „Dynamisierung der Zeitscheiben" mit der erwünschten Gesamtzugzahl n_G

$$
\begin{aligned}
&= V\big(X(n_G)\big) \\
&= (n_G - \lfloor n_G \rfloor)^2 \cdot (\lceil n_G \rceil - n_G) + (\lceil n_G \rceil - n_G)^2 \cdot (n_G - \lfloor n_G \rfloor) \qquad\qquad (\,3\text{-}1\,) \\
&= (n_G - \lfloor n_G \rfloor) \cdot (\lceil n_G \rceil - n_G)
\end{aligned}
$$

wobei

- n_G die erwünschte Gesamtzugzahl im Simulationszeitraum und
- „$\lfloor n \rfloor, \lceil n \rceil$" die Ab- und Aufrundung einer Zahl

bezeichnet.

Dynamisierung der Zeitscheiben für die Fahrplanverdichtung

Varianz der Zugzahl von „Zugfällige Züge einlegen" mit der erwünschten Gesamtzugzahl n_G

$$= V\left(\sum_{i=1}^{n_Z} X_i(n_G)\right) = n_Z \cdot V_Z(X(n_G))$$

$$= n_Z \cdot \left(\left(\frac{n_G}{n_Z} - \left\lfloor\frac{n_G}{n_Z}\right\rfloor\right)^2 \cdot \left(\left\lceil\frac{n_G}{n_Z}\right\rceil - \frac{n_G}{n_Z}\right) + \left(\left\lceil\frac{n_G}{n_Z}\right\rceil - \frac{n_G}{n_Z}\right)^2 \cdot \left(\frac{n_G}{n_Z} - \left\lfloor\frac{n_G}{n_Z}\right\rfloor\right)\right) \qquad (\,3\text{-}2\,)$$

$$= \frac{1}{n_Z} \cdot \left(n_G - n_Z\left\lfloor\frac{n_G}{n_Z}\right\rfloor\right) \cdot \left(n_Z \cdot \left\lceil\frac{n_G}{n_Z}\right\rceil - n_G\right)$$

wobei

- $V_Z(X)$ die Varianz der Zugzahl in einer Zeitscheibe,
- n_Z die Anzahl der Zeitscheiben im Simulationszeitraum,
- n_G die erwünschte Gesamtzugzahl im Simulationszeitraum

bezeichnet.

Angenommen $n_G = n_1 \cdot n_Z + n_R$,

wobei

- $n_1 \in N$, die Anzahl der Züge in einer Zeitscheibe,
- $n_Z \in N$, die Anzahl der Zeitscheiben,
- $n_R \in [0, n_Z)$, die restliche Züge

bezeichnet. dann gilt,

die Varianz der Zugzahl von „Zugfällige Züge einlegen"

$$= n_Z \cdot V_Z(X(n_G)) = \frac{1}{n_Z} \cdot \left(n_G - n_Z \cdot \left\lfloor\frac{n_G}{n_Z}\right\rfloor\right) \cdot \left(n_Z \cdot \left\lceil\frac{n_G}{n_Z}\right\rceil - n_G\right)$$

$$= \frac{1}{n_Z} \cdot \left(n_1 \cdot n_Z + n_R - n_Z \cdot \left\lfloor\frac{n_1 \cdot n_Z + n_R}{n_Z}\right\rfloor\right) \cdot \left(n_Z \cdot \left\lceil\frac{n_1 \cdot n_Z + n_R}{n_Z}\right\rceil - (n_1 \cdot n_Z + n_R)\right)$$

$$= \frac{1}{n_Z} \cdot (n_1 \cdot n_Z + n_R - n_Z \cdot n_1) \cdot (n_Z \cdot (n_1 + 1) - (n_1 \cdot n_Z + n_R))$$

$$= \frac{1}{n_Z} \cdot n_R \cdot (n_Z - n_R),$$

wobei $V_Z(X)$ die Varianz der Zugzahl in einer Zeitscheibe bezeichnet. Die gesamte Varianz $= n_Z \cdot V_Z(X)$ ist deshalb unabhängig von n_1. Also gilt

$$n_Z \cdot V_Z(X(n_G)) = n_Z \cdot V_Z(X(n_G + n_Z)) = \frac{1}{n_Z} \cdot n_R \cdot (n_Z - n_R).$$

Demzufolge ist $n_Z \cdot V_Z(X)$ eine periodische Funktion mit einer Periode von n_Z. Gleichzeitig gilt für die Varianz der Zugzahl von „Dynamisierung der Zeitscheiben"

$$V\big(X(n_G)\big) = (n_G - \lfloor n_G \rfloor) \cdot (\lceil n_G \rceil - n_G) =$$

$$(n_G + 1 - \lfloor n_G + 1 \rfloor) \cdot (\lceil n_G + 1 \rceil - n_G + 1) = V\big(X(n_G + 1)\big).$$

D.h. $V\big(X(n_G)\big)$ ist eine periodische Funktion mit Periode 1. Nun bleibt noch zu zeigen, dass für $n_R \in [0, n_Z]$, $n_Z \cdot V_Z\big(X(n_G)\big) \geq V\big(X(n_G)\big)$ gilt.

Falls $n_Z = 1$, dann $n_Z \cdot V_Z\big(X(n_G)\big) = V\big(X(n_G)\big)$.

Falls $n_Z \geq 2$,

weil $n_Z \cdot V_Z(X)$ auf $\left[0, \frac{n_Z}{2}\right]$ ansteigt und auf $\left[\frac{n_Z}{2}, n_Z\right]$ sinkt, reicht es zu zeigen, dass für $n_G \in [0, 1] \cup [n_Z - 1, n_Z]$, $n_Z \cdot V_Z\big(X(n_G)\big) \geq V\big(X(n_G)\big)$ gilt.

Wegen der Symmetrie von $n_Z \cdot V_Z\big(X(n_G)\big)$ bzgl. $\frac{n_Z}{2}$ ist dann noch zu zeigen, dass für $n_G \in [0, 1]$, $n_Z \cdot V_Z\big(X(n_G)\big) \geq V\big(X(n_G)\big)$ gilt:

$$n_Z \cdot V_Z\big(X(n_G)\big) - V(X(n_G))$$
$$= \frac{1}{n_Z} \cdot \left(n_G - n_Z \cdot \left\lfloor \frac{n_G}{n_Z} \right\rfloor\right) \cdot \left(n_Z \cdot \left\lceil \frac{n_G}{n_Z} \right\rceil - n_G\right) - (n_G - \lfloor n_G \rfloor) \cdot (\lceil n_G \rceil - n_G)$$
$$= \frac{1}{n_Z} \cdot (n_G - n_Z \cdot 0) \cdot (n_Z \cdot 1 - n_G) - (n_G - 0) \cdot (1 - n_G)$$
$$= n_G \cdot \left(1 - \frac{n_G}{n_Z}\right) - n_G \cdot (1 - n_G)$$
$$= n_G{}^2 (1 - \frac{1}{n_Z}) \geq 0$$

Mit diesem Beweis kann die Aussage bestätigt werden, dass die Varianz der Zugzahl von „Dynamisierung der Zeitscheiben" $\leq$ der Varianz der Zugzahl von „Zufällige Züge einlegen" ist.

Abbildung 9 veranschaulicht den Vergleich der Varianz der Zugzahl aus beiden Algorithmen.

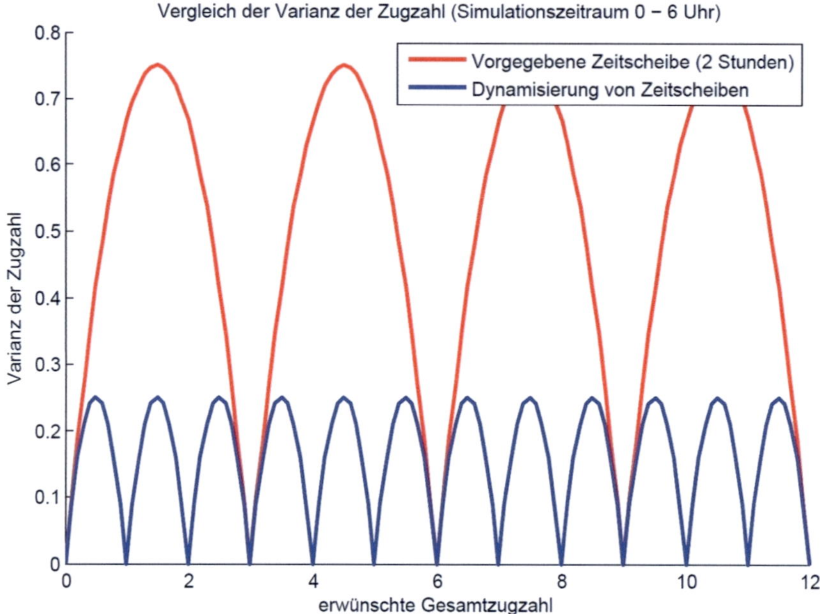

Abbildung 9: Vergleich der Varianz der Zugzahl bei verschiedenen Fahrplanverdichtungsalgorithmen (Quelle: [Martin & Chu 2012])

In Abschnitt 3.1 werden drei Bedingungen angeführt, die bei der Fahrplanverdichtung zu erfüllen sind. Durch die Zufallszahl des Abfahrtszeitpunkts und die mathematische Ableitung der Varianz der Zugzahl werden die ersten beiden Bedingungen erfüllt. Die dritte Bedingung kann jedoch, genau wie beim „Zufällige Züge einlegen", nur teilweise erreicht werden. Innerhalb des Simulationszeitraums können die Züge einer Zuglaufgruppe gleichmäßig verteilt sein. Der durchschnittliche Abstand der Abfahrtszeitpunkte zweier nacheinander fahrender Züge kann jedoch nicht immer sichergestellt werden. Wird die erwünschte Gesamtzugzahl einer Zuglaufgruppe beispielsweise auf 1,5 festgesetzt, so setzt der Algorithmus die Anzahl der Zeitscheiben auf eins oder zwei. Der durchschnittliche Abstand der Abfahrtszeitpunkte wird dadurch zu „Länge des Simulationszeitraums" / 2 oder „Länge des Simulationszeitraums". Erwünscht wäre jedoch ein durchschnittlicher Abstand von „Länge des Simulationszeitraums" / 1,5.

3.3.2 Dynamisierung der Zeitscheiben mit exakter Zugzahl

Abschnitt 3.3.1 geht näher auf das Problem des durchschnittlichen Abstands der Abfahrtszeitpunkte zweier nacheinander fahrender Züge mit Rundung der Zugzahl ein. Zur Lösung dieses Problems ist es erforderlich die Rundung der Zugzahl, bei gleichzeitiger Beibehaltung des Erwartungswerts der Zugzahl, zu umgehen. Diese Rundung der Zugzahl dient im Normalfall dazu, eine ganzzahlige Anzahl von Zeitscheiben zu ermitteln, ohne dabei den Erwartungswert der Zugzahl zu verändern. Um die Rundung der Zugzahl zu vermeiden, ist es notwendig, die Anzahl der Zeitscheiben (auf-) zu runden. Der neue Algorithmus arbeitet nun mit 5 Schritten:

1. Die erwünschte Gesamtzugzahl jeder Zuglaufgruppe wird berechnet. Dabei werden die originale Belastung aus dem Eingangsfahrplan, die Verdichtungsstufe sowie der Simulationszeitraum als Vorgabe benötigt.

2. Die Länge der Zeitscheibe ist zu bestimmen. Sie ergibt sich aus der Division des Simulationszeitraums durch die exakte (nicht gerundete) Gesamtzugzahl der Züge in einer Zuglaufgruppe. Die Länge der Zeitscheibe wird sekundengenau berechnet.

3. Aus der Aufrundung der Gesamtzugzahl lässt sich die Anzahl der Zeitscheiben berechnen.

4. In jeder Zeitscheibe wird nun eine Zufallszahl generiert, die zum Abfahrtszeitpunkt eines Zugs der betroffenen Zuglaufgruppe transformiert wird.

5. Der letzte Abfahrtszeitpunkt ist evtl. zu entfernen, falls er außerhalb des Simulationszeitraums liegt

Dasselbe Beispiel wie in Abschnitt 3.3.1 dient in Abbildung 10 zur Veranschaulichung des Algorithmus. Hier wird ebenfalls nur die Zuglaufgruppe 2 (Fernreisezug 1 Zug/h) betrachtet. Für diese Zuglaufgruppe mit Verdichtungsstufe 120% werden 1,2 Z/h erwünscht. Es wird wieder von 0:00 bis 6:00 Uhr simuliert. Daraus ergibt sich eine Gesamtzugzahl von 7,2. Der Algorithmus generiert hier keine Zufallszahl, stattdessen wird die Zeitscheibe durch den Quotienten der Länge des Simulationszeitraums und der erwünschten Gesamtzugzahl dynamisch definiert. Diese beträgt 6[h] / 7,2 = 0,83 [h]. Daraus folgt die Anzahl der Zeitscheiben mit 6 [h] / 0,83 [h] = 7,2. Nach erfolgter

Dynamisierung der Zeitscheiben für die Fahrplanverdichtung

Aufrundung werden Züge in acht Zeitscheiben eingefügt (8*0,83 h = 6,7 h). Fährt der letze Zug später ab als 6:00 Uhr, so wird er aus dem Fahrplan entfernt.

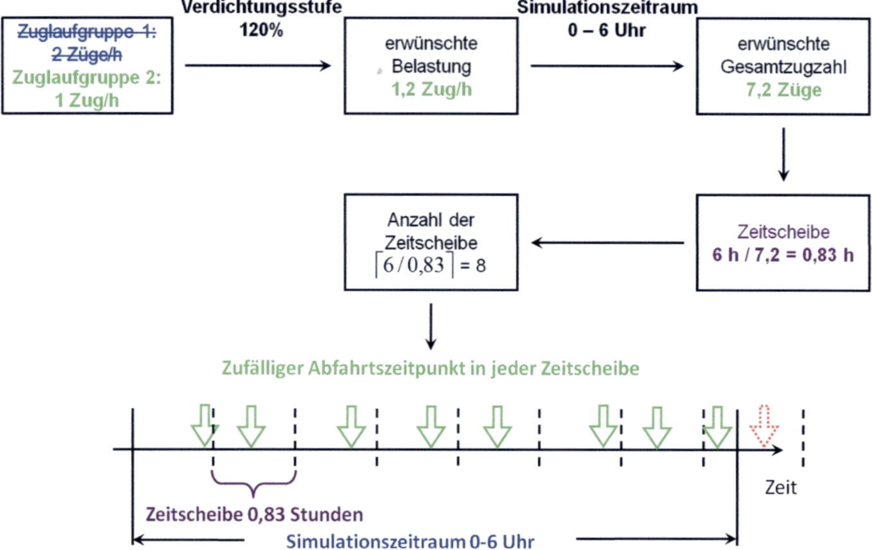

Abbildung 10: Beispiel des Fahrplanverdichtungsalgorithmus "Dynamisierung der Zeitscheibe mit exakter Zugzahl"

Die so generierten Fahrpläne erfüllen, wie die „Dynamisierung der Zeitscheiben mit ganzzahliger Zugzahl (vgl. Abschnitt 3.3.1), die ersten zwei Bedingungen (Zufälligkeit und Beibehaltung des Betriebsprogramms) aus Abschnitt 3.1. Aufgrund von Schritt 2 des Algorithmus wird auch die dritte Bedingung, also das Problem des durchschnittlichen Abstands zwischen Abfahrtszeitpunkten, gelöst (siehe Tabelle 1).

	Komprimieren	Zufällig Züge einlegen	Dynamisierung von Zeitscheiben mit ganzzähliger Zugzahl	Dynamisierung von Zeitscheiben mit genauer Zugzahl
1. Zufälligkeit	✗	✓	✓	✓
2. Beibehaltung des Betriebsprogramm (Zugmix)	✓	▬	✓	✓
3. Durchschnittliche Ankunftsabstand der Züge	✓	▬	▬	✓

Tabelle 1: Vergleich der Vor- und Nachteile verschiedener Fahrplanverdichtungsalgorithmen

3.4 Schlussfolgerung und Empfehlung

In Leistungsuntersuchungen mit der simulativen Methode unter Nutzung der Monte-Carlo-Methode ist das Betriebsprogramm (Zugeigenschaften und Zugmix) meist eine bekannte Randbedingung. Während der Leistungsuntersuchung wird dieses Betriebsprogramm zunächst verdichtet. Danach werden die Behinderungen der Zugfahrten untereinander gesucht. Da das Betriebsprogramm das Untersuchungsergebnis maßgeblich beeinflusst, sollte es während der Verdichtung niemals signifikant geändert werden. Bisher kann diese Randbedingung jedoch nur teilweise erfüllt werden. Um möglichst keine Veränderung an der Struktur des Betriebsprogramms bei der Fahrplanverdichtung zu erzeugen, wurden deshalb Algorithmen zur „Dynamisierung der Zeitscheiben" entwickelt. Die Bedingungen für eine Beibehaltung der Struktur des Betriebssystems bei einer Verdichtung werden aufgrund der Art und Reihenfolge der Rundungsoperationen nur durch die „Dynamisierung der Zeitscheiben mit exakter Zugzahl" vollständig erfüllt. Es ist daher empfehlenswert den Algorithmus „Dynamisierung von Zeitscheiben mit exakter Zugzahl" als Fahrplanverdichtungsalgorithmus für künftige Leistungsuntersuchungen unter Nutzung simulativer Methoden zur Bestimmung der Wartezeitfunktion bzw. des optimalen Leistungsbereichs zu verwenden.

4 Modellierung in der simulativen Methode

Im vorangehenden Kapitel wurde die Untersuchung des optimalen Leistungsbereichs mittels Monte-Carlo-Methode erläutert. Aus den Simulationsergebnissen, beispielsweise Eingangs- und Ausgangsbelastungen sowie Wartezeiten jedes Zuges, sind die durchsatzbezogene Leistungsfähigkeit und die Wartezeitfunktion für die folgenden Untersuchungen zu bestimmen. Eine besondere Rolle für die eisenbahnbetriebswissenschaftlichen Leistungsuntersuchungen kommt dabei der mathematischen Modellierung (z.B. Bedienungssysteme im Verkehrswesen [Potthoff 1969]) zu. Durch die Wahl eines wirklichkeitsnahen Bedienungssystems für die Modellierung, lassen sich die grundlegenden Parameter der Leistungsuntersuchung exakter bestimmen. Die exaktere Ermittlung der durchsatzbezogenen Leistungsfähigkeit und der Wartezeitfunktion ermöglicht plausiblere Gesamtergebnisse.

4.1 Modellierung mit Bedienungssystemen

4.1.1 Bedienungssystem

Durch folgende Komponenten (siehe Abbildung 11) wird ein Bedienungssystem gekennzeichnet:

- Ankunftsprozess der Anforderungen (A)
- Bedienungsprozess der Anforderungen (B)
- Anzahl der parallelen Bedienungsstellen (n)
- Anzahl der Warteplätze im Warteraum (S)
- Warteschlangendisziplin des Bedienungssystems (WD)

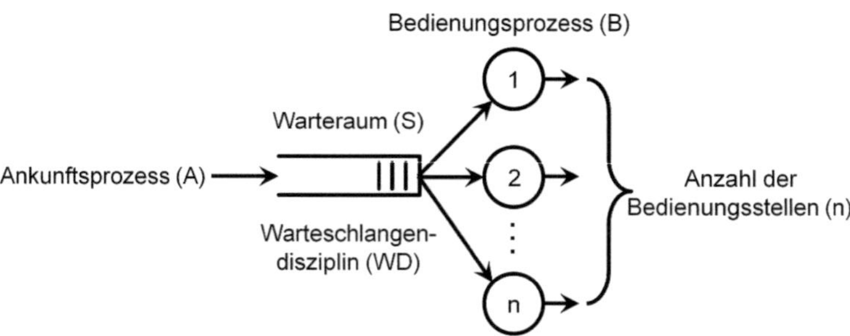

Abbildung 11:   Wartesystem (Quelle: [Martin & Chu 2012])

Mit Hilfe der Kendall-Notation lässt sich ein Bedienungssystem normiert beschreiben: $A/B/n/S/WD$. Für die Ankunftsprozesse (A) und die Bedienprozesse (B) werden folgende Verteilungen verwendet:

- G/GI – Beliebige Verteilung (General (Independent) Distribution)
- M – Exponentialverteilung (Markovian Distribution)
- D – Konstante (Deterministic Distribution)
- E_k – Erlang-k-Verteilung
- H_k – Hyperexponentielle Verteilung, k-ter Ordnung

Eine Anforderung an den Warteraum wird nach einer festzulegenden Warteschlangendisziplin in die Bedienungsstelle übernommen. Gängige Warteschlangendisziplinen sind:

- $FIFO$ (first-in, first-out) bzw. $FCFS$ (first-come, first-served)
- $LIFO$ (last-in, first-out)
- $SIRO$ (Service-In-Random-Order)

(vgl. [Takagi 1991], [Kleinrock 1991])

Jedes Bedienungssystem ist dadurch gekennzeichnet, dass nur eine Anforderung gleichzeitig in einer Bedienungsstelle bearbeitet werden kann. Die Eigenschaften der übrigen Komponenten des Wartesystems sind bei der Anwendung anhand der konkreten Aufgabenstellung zu bestimmen. In Abschnitt 4.1.2 wird die Festsetzung der Eigenschaften bei eisenbahnbetriebswissenschaftlichen Leistungsuntersuchungen schrittweise erläutert.

4.1.2 Modellierung

Die analytische Methode (siehe Abschnitt 2.2.2) teilt die Infrastruktur in kleine, strukturell vergleichbare Einheiten (TFK vgl. [Schwanhäußer 1978]), die jeweils nur durch einen Zug gleichzeitig befahrbar sind. Die Grundlage für dieses Verfahren ist die Modellierung der Infrastruktur mit einem Bedienungssystem im Sinne der Warteschlangentheorie. Auch bei der Bestimmung der durchsatzbezogenen Leistungsfähigkeit und der Wartezeitfunktion kommt die Modellierung mit einem Wartesystem zum Einsatz.

In [Pachl 2011] wurde die wissentliche Einschränkung der analytische Methode bei der Betrachtung der Verkettungseffekte zwischen den Teilfahrstraßenknoten zusammengefasst und eine Empfehlung zur Simulation bei komplexen Fahrstraßen-knoten gegeben. Nach dem Verfahren nach [Hertel 1992] wurde die simulative Methode zuerst auf einfache Infrastruktur (Stecken) eingesetzt. In [Martin & Chu 2012] wurde die Anwendungsmöglichkeit des Verfahrens nach [Hertel 1992] auf ein Teilnetz detailliert erklärt. In den folgenden Abschnitten wird die Modellierung des Eisenbahnbetriebs (Infrastruktur und Betriebsprogramm), die als Grundlage der simulativen Methode dient, näher betrachtet.

Im Unterschied zur simulativen Methode müssen bei der analytischen Methode die Bedienungsstellen genau definiert sein. Im Gegensatz dazu untersucht die simulative Methode nur „fiktive" Bedienungsstellen, die nicht explizit in der Untersuchung definiert wurden. Die fiktiven Bedienungsstellen werden nur für weitere darauf basierende mathematische Modellierungen und für die Zuordnung der darauf bezogenen Teilergebnisse benötigt. Die zu untersuchende durchsatzbezogene Leistungsfähigkeit und die Wartezeitfunktion sind von der „engsten" Bedienungsstelle der Infrastruktur abhängig. Die engste Bedienungsstelle beschränkt somit die durchsatzbezogene Leistungsfähigkeit der gesamten Infrastruktur. Da im Betriebsprogramm bereits das Verhältnis zwischen Zugfahrten insgesamt und Fahrten durch die engste Bedienungsstelle definiert ist[8], ergibt sich daraus die durchsatzbezogene Leistungsfähigkeit. Die Wartezeitfunktion ergibt sich aus der Summe der Wartezeiten aller Bedienungsstellen der Infrastruktur geteilt durch die gesamte Zugzahl, wobei die Wartezeit der engsten Bedienungsstelle eine beherrschende Rolle spielt. Abbildung 12 bildet schematisch das Verhältnis von durchsatzbezogener Leistungsfähigkeit und der Wartezeitfunktion zur gesamten Infrastruktur und der engsten Bedienungsstelle ab.

---

[8] "Bei praxisorientierten Leistungsuntersuchungen mit modernen Simulationswerkzeugen ist jedoch zu beachten, dass die engste Bedienungsstelle durch entsprechende Dispositionsverfahren entlastet werden kann, z.B. indem für einzelne Züge alternative Fahrwege gewählt werden." [Martin & Chu 2012]

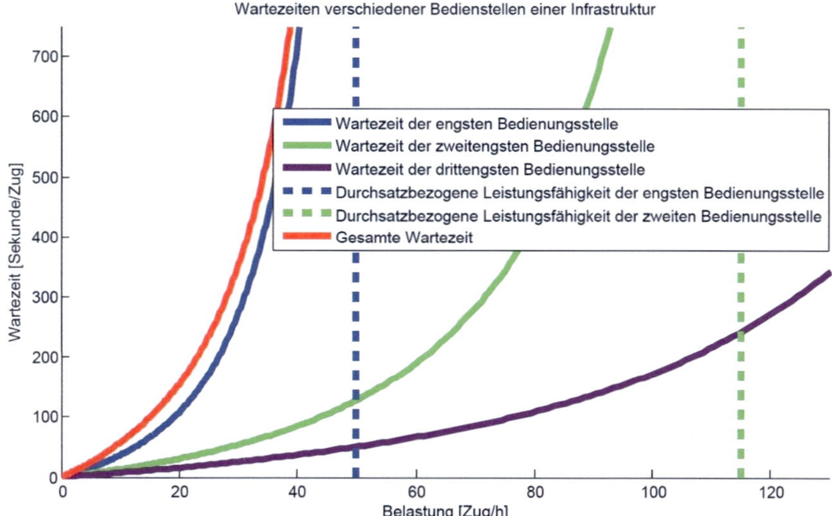

Abbildung 12: Wartezeiten verschiedenen Bedienungsstellen (Quelle: [Martin & Chu 2012])

Somit ist es möglich, die gesamte Infrastruktur nährungsweise zu einer einzigen fikti-ven Bedienungsstelle zusammen zu fassen. Aus der Eigenschaft dieser Bedie-nungsstelle kann die durchsatzbezogene Leistungsfähigkeit abgeleitet werden. Um die Wartezeitfunktion für die Bedienungsstelle zu finden, wird statt der vorhandenen mathematischen Formel (z.B. Wartezeitfunktion für ein Wartesystem $M/M/1$) eine Anpassung einer Modellfunktion an die Simulationsdaten verwendet. Abbildung 13 stellt das Modellierungsverfahren in der simulativen Methode dar .

Modellierung in der simulativen Methode

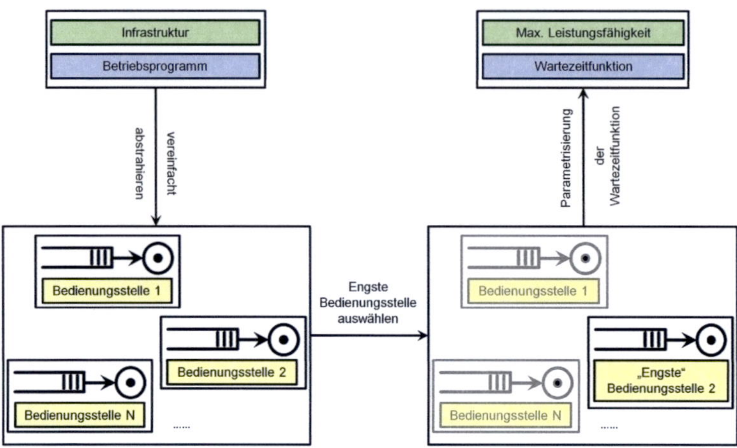

Abbildung 13:   Modellierung in der simulativen Methode (Quelle: [Martin & Chu 2012])

Abbildung 13 verdeutlicht die Vereinfachung der Infrastruktur und des Betriebsprogramms durch fiktive Bedienungsstellen. Eine (oder mehrere) dieser Bedienungsstellen sind „enger" als die anderen. Die Eigenschaften dieser „engsten" fiktiven Bedienungsstelle sind für die Bestimmung der durchsatzbezogenen Leistungsfähigkeit und der Wartezeitfunktion notwendig. Die folgenden Abschnitte zeigen zunächst eine Festlegung für die Eigenschaften der fiktiven Bedienungsstelle in allgemeinen Anwendungen. Die darauf aufbauenden Modellierungen für $A/B/n/S/WD$ eines Bedienungssystems wurden zum ersten Mal in [Martin & Chu 2012] eingeführt.

Ankunftsprozess (A)

In einem ersten Schritt müssen die Randbedingungen für die Modellierung zur eisenbahnbetriebswissenschaftlichen Leistungsuntersuchung bestimmt werden. Die zufälligen Störungen gelten als ein entscheidender Faktor für die Untersuchung des optimalen Leistungsbereichs. Solche Störungen können in unterschiedlicher Form, z. B. als Einbruchsverspätung, Haltezeitverlängerung oder Fahrzeitverlängerung (siehe [DB Netz AG 2008]), in der Realität bzw. Simulation auftreten. Einbruchsverspätungen werden in der Untersuchung beispielsweise durch die zufällige Generierung der Fahrplanverdichtungen (siehe Kapitel 3) realisiert. Die Wirkung der Einbruchsverspätungen auf einen professionell geplanten Fahrplan, der einem gegeben Betriebsprogramm entspricht, wird durch die zufällig erstellten Abfahrtszeitpunkte realisiert. In dieser zufälligen "Fahrplanverdichtung" ist die Reihenfolge der Züge nicht festgelegt.

Die anderen zufälligen Störungen, wie beispielsweise Haltezeitverlängerungen oder Fahrzeitverlängerungen, werden nicht in der Fahrplanverdichtung berücksichtigt, weil vor der Fahrplanverdichtung verschiedene Zeitzuschläge (wie beispielsweise Verkehrshaltezuschlag, Abfertigungszeitzuschlag, Regelzuschlag oder Bauzuschlag, siehe [DB Netz AG 2008]) entfernt wurden. Solche Zeitzuschläge dienen sowohl in der Realität als auch in der Simulation zum Abbau von Verspätungen, die durch unterschiedliche Störungen verursacht werden. Da in einer Fahrplanverdichtung der erste Abfahrtszeitpunkt einer Zugfahrt und damit auch der Ankunftszeitpunkt an einer „Bedienungsstelle" zufällig ist, kann unter dieser Randbedingung der Ankunftsprozess der Anforderungen (Zug) im Allgemeinen durch die nicht-negative exponentielle Verteilung (M) modelliert werden. Somit kann das für die Modellierung anzuwendende Bedienungssystem durch $M/?/?/?/?$ beschrieben werden.

Bedienungsprozess (B)

Die Bedienungszeit einer Bedienungsstelle hat denselben Wert wie die Sperr- bzw. Belegungszeit (d.h. der Summe von Fahr- und Haltezeit einschließlich Vor- und Nachbelegungszeit) eines Zugs auf einem Infrastrukturabschnitt. Für die Verteilung der Bedienungszeit sind die Wirkung der Behinderung der Bedienungsstelle sowie die möglichen Arten des Infrastrukturabschnitts, d.h. der Bedienungsstelle, grundlegend.

Im Normalfall hängt es nicht von der Behinderung der Bedienungsstelle ab, wie lang die Bedienungszeit einer Anforderung im Wartesystem ist. Die Modellierung des Eisenbahnbetriebs stellt hier jedoch eine Ausnahme dar. Wird ein Zug vor der Bedienungsstelle zur Bremsung gezwungen, so sollte die Bedienungsstelle (Infrastrukturabschnitt) so ausgelegt werden, dass dem Zug in diesem Bereich eine erneute Beschleunigung ermöglicht wird. Dadurch wird die reale Belegungszeit länger als die geplante Belegungszeit. Die Analyse des Effekts der Belegungszeit in der Bedienungsstelle sowie der Infrastrukturabschnittsart werden simultan ausgeführt.

Im Eisenbahnwesen verursachen im Allgemeinen die längsten Blockabschnitte sowie die Weichenbereiche in den Eisenbahnknoten (Bahnhof) die größten Behinderungen (Wartezeiten). Kommt es bei diesen beiden Arten von Bedienungsstellen zu Behinderungen, so ist ein zeitlich nachfolgender Zug gezwungen, vor der Bedienungsstelle zu bremsen. Die geplante Belegungszeit fällt im Allgemeinen auf einem langen

Blockabschnitt (t_{BBlock}) im Vergleich zur geplanten Belegungszeit auf einer oder mehreren zusammengehörenden Weichen ($t_{BWeiche}$) länger aus. Man geht davon aus, dass die Abweichung zwischen der geplanten und realen Belegungszeit durch das Bremsen und die anschließende Beschleunigung die Abweichung der Belegungszeit Δt_B nicht übersteigt. Neben dem Bremsen und der Beschleunigung wirkt sich auch die Zuggattung (z.B. Nahreisezug oder Fernreiszug) auf die Bedienungszeiten aus. Zur Verdeutlichung wird angenommen, dass die Belegungszeit eines langsamen Zuges höchstens doppelt so groß ist, wie die Belegungszeit eines schnellen Zuges. Zudem unterliegt die Bedienungszeit im Betrieb dem Einfluss von Dispositionsmaßnahmen. Falls ein Zug A vor einer Bedienungsstelle auf einen anderen Zug B warten muss, dieser aber noch weit von der Bedienungsstelle entfernt ist, gilt die Bedienungsstelle trotzdem als von Zug B belegt, da die Vorschautiefe von Zug B die Bedienungsstelle bereits vorab reserviert. Die Bedienungszeit von Zug B vergrößert sich also gegenüber der geplanten Belegungszeit der Bedienungsstelle. Die zusätzliche fiktive Belegungszeit aufgrund von Dispositionsmaßnahmen beträgt maximal Δt_{BDispo}. Um die Verteilung des Bedienprozesses näherungsweise festzulegen, wird auf eine Betrachtung des Quadrats des Variationskoeffizienten[9] [Kohn 2004] der Bedienungszeit an dieser Stelle zurückgegriffen, da dieser die Bestimmung der durchsatzbezogenen Leistungsfähigkeit und der Wartezeitfunktion (siehe Kapitel 5 und 6) entscheidend beeinflusst. Weil die Fahrpläne verschiedener Verdichtungsstufen eine Zufälligkeit besitzen, wird ebenfalls davon ausgegangen, dass sich die reale Belegungszeit gleichmäßig zwischen der kürzesten geplanten Belegungszeit eines schnellen Zuges ($t_{BPlan,schnell} = t_{BBlock,schnell}$ oder $t_{BWeiche,schnell}$) und der längsten Belegungszeit eines langsamen Zuges $2 \cdot t_{BPlan,langsam} (= 2 \cdot t_{BPlan,schnell}) + \Delta t_B + \Delta t_{BDispo}$ aufteilt. Demzufolge gilt

$$\text{Standardabweichung(reale Belegungszeit)} = \frac{t_{BPlan,schnell} + \Delta t_B + \Delta t_{BDispo}}{2 \cdot \sqrt{3}} \qquad (\,4\text{-}1\,)$$

und

$$\text{Mittelwert(reale Belegungszeit)} = \frac{3 \cdot t_{BPlan,schnell} + \Delta t_B + \Delta t_{BDispo}}{2} \qquad (\,4\text{-}2\,)$$

---

[9] Variationskoeffizient (X) = Standardabweichung(X) / Mittelwert(X), wobei X eine Zufallsvariable bezeichnet.

Damit kann ermittelt werden, dass

$$\text{Variationskoeffizient}^2(\text{reale Belegungszeit}) =$$

$$\left(\frac{t_{BPlan,schnell}+\Delta t_B+\Delta t_{BDispo}}{\sqrt{3}\cdot(3\cdot t_{BPlan,schnell}+\Delta t_B+\Delta t_{BDispo})}\right)^2 < \frac{1}{3} \qquad (\,4\text{-}3\,)$$

D.h. der Variationskoeffizient der realen Belegungszeit liegt im Vergleich zum Variationskoeffizienten der negativ-exponentiellen Verteilung (=1) viel niedriger. Bei größerer geplanter Belegungszeit (z.B. $t_{BPlan,schnell} = t_{BBlock,schnell}$) oder kleinerem $\Delta t_B + \Delta t_{BDispo}$, sinkt der Variationskoeffizient. Im Grenzfall wird der Variationskoeffizient zu 1/27 und impliziert damit eine deterministische Verteilung. Um die Rechnung zu vereinfachen, wird die Belegungszeit in der Bedienungsstelle durch eine deterministische Verteilung umgesetzt. Somit kann das für die Modellierung anzuwendende Bedienungssystem durch $M/D/?/?/?$ dargestellt werden.

Anzahl der parallelen Bedienungsstellen (n)

Die meisten vorhandenen Methoden zur Aufteilung der Infrastruktur bei Leistungsuntersuchungen (z.B. [Vakhtel 2002]) setzen voraus, dass eine Bedienungsstelle nur durch einen Zug gleichzeitig befahrbar ist. Als eine weitere Art von Bedienungsstelle können Gleisgruppen, die typischerweise in Bahnhöfen auftreten, ermittelt werden. Die „engste" Bedienungsstelle findet sich jedoch oftmals nicht auf den Gleisgruppen sondern im Weichenbereich vor oder nach den Gleisgruppen. Um Einheitlichkeit in der Modellierung zu erzeugen, geht man davon aus, dass die Anzahl der Bedienungsstellen bei 1 liegt. D.h. das Bedienungssystem erhält man mit $M/D/1/?/?$.

Anzahl der Warteplätze im Warteraum (S)

Im Bedienungssystem bilden Warteraum und Bedienungsstelle zwei separate Bereiche. Diese Eigenschaft in dieser Form im Eisenbahnbereich darzustellen gestaltet sich schwierig, da jeder Infrastrukturabschnitt sowohl als eine Bedienungsstelle als auch als ein Platz im Warteraum betrachtet werden kann. Zu Beginn der Modellierung wird deshalb die Kategorie „fiktive Bedienungsstelle" definiert. Hierbei wird von einem unendlichen Warteraum einer Bedienungsstelle ausgegangen. Demzufolge lässt sich das Wartsystem für die Modellierung allgemein durch $M/D/1/\infty/?$ ausdrücken.

Warteschlangendisziplin (WD)

Bei der Betrachtung des Eisenbahnbetriebs in der makroskopischen Ebene steht die Reihenfolge der Züge unter dem Einfluss von Prioritäten der einzelnen Züge sowie von Dispositionsmaßnahmen. Dieser Effekt stimmt nicht direkt mit der Warteschlangendisziplin $FIFO$ überein. Jedoch kann er in die Warteschlangendisziplin $FIFO$ transformiert werden, indem man die Belegungszeit der Bedienungsstelle des späteren, aber zuerst fahrenden Zuges „fiktiv" verlängert, und so eine Belegung der Bedienungsstelle vor dem früheren Zug durch den späteren Zug simuliert. Dadurch werden nur die verketteten Belegungen (Bedienungsprozess) von verschiedenen Zuggattungen durch die Änderung der Reihenfolge der Züge beeinträchtigt. Da die Modellierung des Bedienungsprozesses (verkettete Belegungszeit) auf diese Beeinflussung bereits eingeht, kann hier also trotz der Reihenfolgenänderung der Züge die Warteschlangendisziplin $FIFO$ angewandt werden. Außerdem sind in der mikroskopischen Ebene (z.B. im Weichenbereich) die Möglichkeiten zur Änderung der Reihenfolge der Züge ohnehin sehr eingeschränkt. Zusammenfassend wird festgehalten, dass die Anforderung (Zug) in der Bedienungsstelle im Allgemeinen nach dem $FIFO$-Prinzip einheitlich durchgeführt werden kann. Somit kann das Wartesystem als $M/D/1/\infty/FIFO$ beschrieben werden.

Ein abstraktes Modell eines Bedienungssystems mit unendlichen Warteplätzen wird in der Warteschlangentheorie als ein Wartesystem abgebildet. In den folgenden Kapiteln wird von ∞ Warteplätzen im Warteraum und $FIFO$ für die Warteschlangendisziplin ausgegangen. Das Bedienungssystem $M/D/1/\infty/FIFO$ wird demzufolge in ein Wartesystem $M/D/1$ transformiert.

4.2 Transiente Phase

Über das DFG-Projekt [Martin & Chu 2012] hinaus wurden die dort gewonnenen Erkenntnisse - Wirkungen der transienten Phase - zur Weiterentwicklung in der vorliegenden Dissertation aufgegriffen. Basieren auf der Untersuchung der Wirkungen der transienten Phase wird das Verfahren zur Bestimmung der durchsatzbezogenen Leistungsfähigkeit vervollständigt (siehe Abschnitt 5.3) und die Modellfunktion zur Modellierung der Wartezeitfunktion neu konstruiert (siehe Abschnitt 6.2.2). In diesem Abschnitt wird die transiente Phase in der Simulation erklärt.

Die Simulationen teilen sich normalerweise in zwei Phasen auf: Zu Beginn sind die Bedienstelle und der Warteraum leer. Mit der Zeit, wird das Wartesystem Schritt für Schritt gefüllt (Phase I). Über einen hinreichend langen Zeitraum bleibt die durchschnittliche Anzahl der Anforderungen im System gleich und ändert sich nicht mehr zeitlich, d. h. dass ein Gleichgewicht von Anforderungen, die im System ankommen und solchen, die es verlassen (Phase II), herrscht. Die Phase I wird **transiente Phase** genannt. Die Phase II, in der sich das System asymptotisch stationär verhält, wird als **stationäre Phase** gekennzeichnet (siehe Abbildung 14).

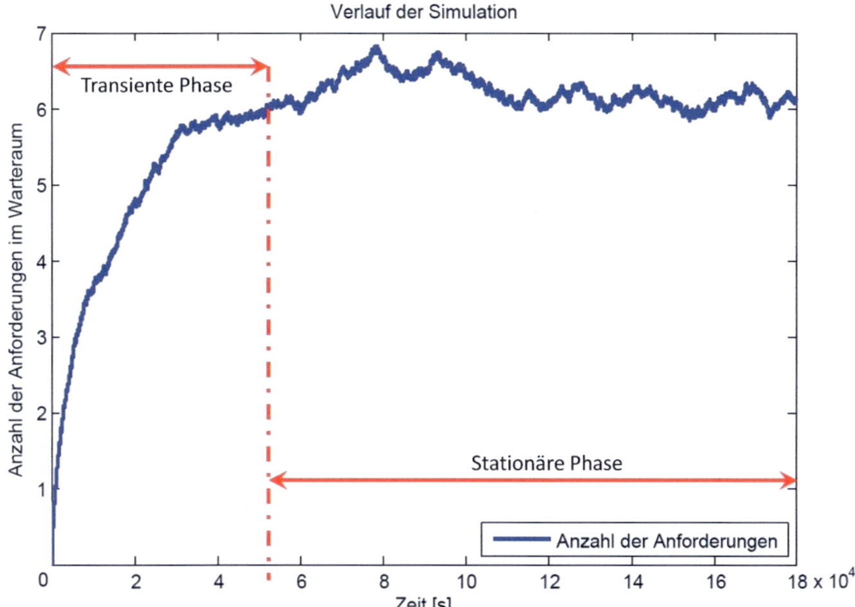

Abbildung 14: Verlauf der Simulation

4.2.1   Untersuchung in der stationären Phase

Viele Leistungsuntersuchungsmethoden im Eisenbahnbereich basieren auf der Annahme, dass sich die Simulation in der stationären Phase befindet. In der analytischen Methode, wie z.B. [Vakhtel 2002] werden viele Forschungsansätze zur Aufteilung der Infrastruktur sowie der Bestimmung des verketteten Belegungsgrads einer Infrastruktureinheit (Teilfahrstraßenknoten – TFK) aufgezeigt. Bei der Bestimmung der Wartezeit wird angenommen, dass sich das System bereits in der stationären Phase befindet. In den simulativen Methoden ist die stationäre Phase bisher eine wichtige Voraussetzung. Beim ersten Entwurf der Wartezeitfunktion durch [Ludwig 1990] wurde die bekannte mathematische Form für die Wartezeit[10] eingesetzt, die für das Wartesystem M/M/1/∞/FIFO in der stationären Phase abgeleitet wurde. Die in [Schmidt 2010] entwickelte Methode zur Bestimmung der durchsatzbezogenen Leistungsfähigkeit basiert ebenfalls auf dieser Annahme. Die Grundidee lautet, falls die durchsatzbezogene Leistungsfähigkeit des Wartesystems (in der stationären Phase) erreicht wird, ist die Anzahl der Anforderungen, die das Wartesystem verlassen, kleiner als die Anzahl der ankommenden Anforderungen.

Falls die Aufgabenstellung viel Zeit benötigt, ist die Untersuchung in der stationären Phase sinnvoll. Im Eisenbahnbereich ist aber ein anderer Fall gegeben. Im realen Betrieb gibt es meistens Hauptverkehrszeiten (z.B. 7:00 bis 9:00) im Fahrplan, die zu untersuchen sind. Dementsprechend ist einerseits der Auswertezeitraum (siehe Abschnitt 2.4) aus der Simulation auf ein endliches Zeitintervall beschränkt. Andererseits ist eine bestimmte Zeitdauer vor dem Auswertezeitraum, die in dieser Arbeit als Vorlaufzeit (siehe Abschnitt 2.4) bezeichnet wird, zu definieren. Diese Vorlaufzeit ist notwendig, da im normalen Betrieb die Verspätungen vor den Hauptverkehrszeiten schon vorhanden sind und das System in der Simulation am Anfang noch leer ist. Mit dieser Vorlaufzeit kann das gesamte System langsam an den zu simulierenden Zustand herangeführt werden, d.h. die Verspätungen im Untersuchungsraum werden langsam aufgebaut. Selbst wenn die beiden Zeiten (Vorlaufzeit und Auswertezeitraum) zusammengefasst werden, beschränkt sich die gesamte Zeit auf eine endliche Länge, was dazu führt, dass das System in der Simulation sowie im realen Betrieb in den Hauptverkehrszeiten nicht immer in die stationäre Phase überführt werden kann (siehe Abbildung 15).

---

[10] $E(W) = \frac{1}{\mu} \cdot \frac{\rho}{1-\rho}$, wobei $\frac{1}{\mu}$ die durchschnittliche Bedienungszeit$E(B)$, $\rho = E(B)/E(A)=$ durchschnittliche Ankunftsabstand) den Auslastungsgrad des Wartesystems bezeichnet.

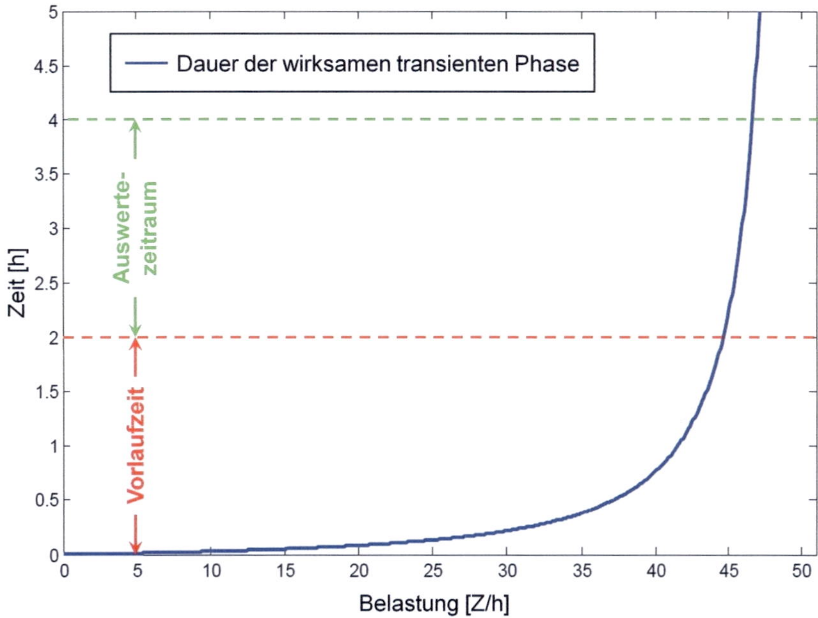

Abbildung 15: **Verhältnis zwischen der transienten Phase, der Vorlaufzeit und dem Auswertezeitraum**

Außerdem sind bei der Untersuchung der durchsatzbezogenen Leistungsfähigkeit und des optimalen Leistungsbereichs jene Fahrpläne zu untersuchen, deren Belastung bereits in der Nähe der durchsatzbezogenen Leistungsfähigkeit liegt. Für die Simulation solcher Fahrpläne kann die stationäre Phase kaum erreicht werden, weil die transiente Phase umso länger wird, je näher die Belastung des Fahrplans bereits an der durchsatzbezogenen Leistungsfähigkeit liegt. Ein extremer Fall ist, dass die transiente Phase in der Simulation für einen Fahrplan mit der durchsatzbezogenen Leistungsfähigkeit unendlich ist. Zusammengefasst ist die transiente Phase sowohl in den simulativen als auch in den analytischen Methoden[11] zu berücksichtigen, damit das anzuwendende Modell die Realität hinreichend genau abbilden kann und somit die Ergebnisse aussagekräftiger werden.

---

[11] Bei der Bestimmung der durchsatzbezogene Leistungsfähigkeit mit der analytischen Methode ist die Wirkungen der transiente Phase nicht relevant, weil die durchsatzbezogene Leistungsfähigkeit als Eigenschaft des Systems sowohl in der transienten Phase als auch in der stationären Phase identisch ist (siehe Abschnitt 5.1.1). Jedoch müssen bei der Ermittlung der Wartezeitfunktion mit der analytischen Methode die Wirkungen der transienten Phase berücksichtigt werden.

4.2.2 Wirkungen der transienten Phase

a) Wirkungen der transienten Phase bei der Bestimmung der durchsatzbezogenen Leistungsfähigkeit

In der transienten Phase ist die durchschnittliche Wartezeit eine von der Simulationszeit t abhängige monoton steigende Funktion. Demzufolge gilt

$$E(W_{t_i}) < E(W_{t_{i+1}}),$$

wobei W_{t_i} die Wartezeit des i-ten Zugs bezeichnet. Daraus folgt:

$$
\begin{aligned}
\text{Abfahrtsabstand} \quad &= \quad \text{Ankunftsabstand}+E(B_{t_{i+1}})+E(W_{t_{i+1}})-E(B_{t_i})-E(W_{t_i}) \\
&> \quad \text{Ankunftsabstand}
\end{aligned}
\qquad (\,4\text{-}4\,)
$$

wobei $E(B_{t_i})$ die durchschnittliche Bedienungszeit des i-ten Zugs bezeichnet. Dann gilt

Ausgangsbelastung (= Zeiteinheit / Abfahrtsabstand) < Eingangsbelastung (= Zeiteinheit / Ankunftsabstand),

d.h. in der transienten Phase ist die Eingangsbelastung immer größer als die Ausgangsbelastung, obwohl sie noch unter der realen durchsatzbezogenen Leistungsfähigkeit liegt. Dies passiert oft bei der Simulation eines Fahrplans mit hoher Belastung. Solche Simulationen werden benutzt, um die signifikante Abweichung zwischen Eingangs- und Ausgangsbelastung und damit die durchsatzbezogene Leistungsfähigkeit zu ermitteln (siehe [Schmidt 2010]). Auf den gefundenen Abweichungspunkt ist wegen dieser Wirkung der transienten Phase ein Zuschlag zu addieren. In Abbildung 16 wird diese Wirkung der transienten Phase schematisch dargestellt, die ableitbare durchsatzbezogene Leistungsfähigkeit beträgt in diesem Beispiel 36 Züge/h. Die Abweichung zwischen Eingangs- und Ausgangsbelastung beginnt bereits ab 32 Züge/h. Die Regel zu Bestimmung des Zuschlags wird im Kapitel 5 erklärt.

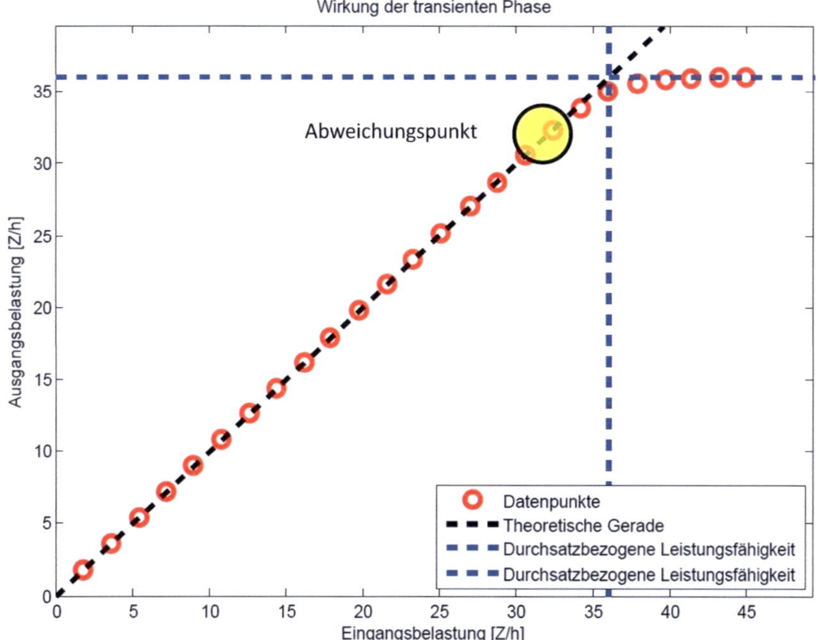

Abbildung 16: Wirkungen der transienten Phase auf die Bestimmung der durchsatzbezogenen Leistungsfähigkeit

b) Wirkungen der transienten Phase bei der Bestimmung der Wartezeitfunktion

Wie in Abschnitt 4.2.2 a) bereits erklärt, steigt die durchschnittliche Wartezeit in der transienten Phase monoton mit der Zeit an. Sie steigt proportional zur Vorlaufzeit der Simulation bis die durchschnittliche Wartezeit in der stationären Phase erreicht ist. In Abbildung 17 wird dieser Effekt schematisch dargestellt. Die rote Kurve stellt die durchschnittliche Wartezeit in der stationären Phase dar. Diese ist immer höher (>=) als die anderen zwei Kurven. In den beiden Fällen werden die Simulationen jeweils mit 2 Stunden (grün) und 4 Stunden (blau) Vorlaufzeit durchgeführt. Zudem ist erkennbar, dass die blaue Kurve mit 4 Stunden Vorlaufzeit höher als die grüne Kurve mit 2 Stunden Vorlaufzeit verläuft. Außerdem kann die Schlussfolgerung aus dem Endpunkt der Wartezeitfunktion gezogen werden, dass die Wartezeitfunktion bei der durchsatzbezogenen Leistungsfähigkeit mit einem endlichen Wert endet, falls die Vorlaufzeit endlich ist. Dies kann einfach bewiesen werden: Da die Vorlaufzeit und der Auswertezeitraum endlich sind, sollte das Simulationssystem, abgesehen von Deadlocks, irgendwann (d.h. in endliche Zeitdauer) wieder leer sein. Mit dieser endli-

chen Zeitdauer und endlicher Zugzahl in der Simulation kann eine unendliche Wartezeit nie auftreten. Dies gilt insbesondere für den äußersten rechten Teil der Wartezeitfunktion. Diese Eigenschaft wird von keiner bisherigen Modellfunktion der Wartezeitfunktion berücksichtigt. Die Ableitung einer passenden Modellfunktion anhand der
Wirkungen der transienten Phase, die viel besser als die bisher verwendete Modellfunktion den Effekt dieser Eigenschaft approximiert, wird im Kapitel 6 dargestellt.

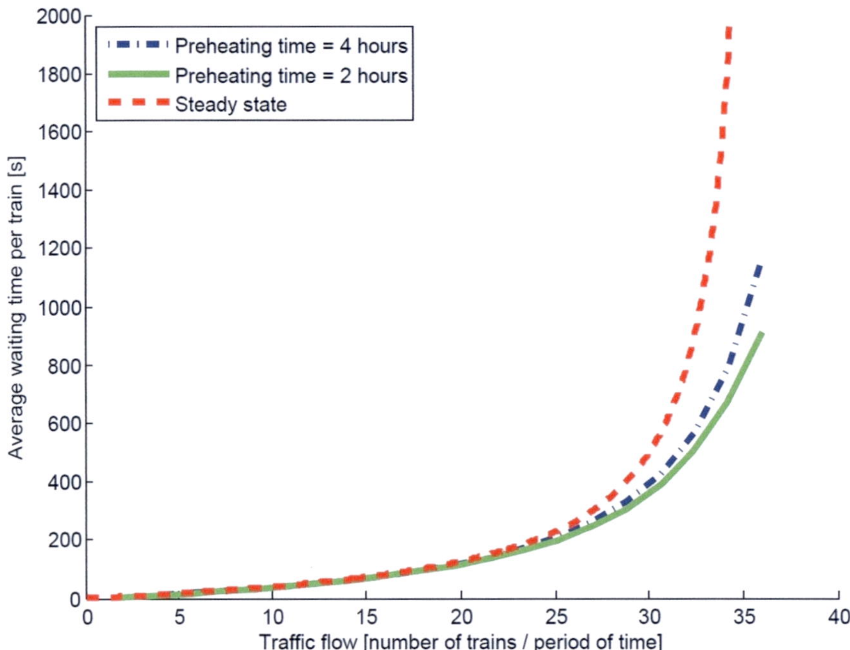

Abbildung 17: Wartezeitfunktion mit verschiedener Vorlaufzeit

4.3 Schlussfolgerung

Die Leistungsuntersuchung zur Ermittlung des optimalen Leistungsbereichs ist eine
grundsätzlich makroskopische Betrachtung. Durch die Modellierung der Infrastruktur
und des Betriebsprogramms (Fahrplan) mit einem Bedienungssystem $M/D/1/\infty/$
$FIFO$ (Wartesystem $M/D/1$) können die eisenbahnbetriebswissenschaftlichen Leistungsuntersuchungen vereinfacht werden. Die Modellierung dient als Basis für die
Bestimmung der weiteren Kenngrößen (durchsatzbezogene Leistungsfähigkeit und
optimaler Leistungsbereich). Sie besitzt den Vorteil, dass die Kenngrößen zusammen
mit den Simulationsergebnissen und den Eigenschaften des Modells ermittelt und

nicht wie in der analytischen Methode direkt aus der Modellierung der Wartezeit mathematisch abgeleitet werden, was möglicherweise bei komplexen Infrastrukturen zu einer mathematisch unbeherrschbaren Formel führen kann. Unter Berücksichtigung der transienten Phase in der Simulation werden die Genauigkeit und die Aussagekraft der gelieferten Ergebnisse erhöht. Die Plausibilität dieser Vorgehensweise wird in den Kapiteln 5 und 6 gezeigt.

5 Die durchsatzbezogene Leistungsfähigkeit

Die Kenngröße „durchsatzbezogene Leistungsfähigkeit" ist in allgemeinen Bedienungssystemmodellen leicht zu ermitteln. Sie wird aus dem Quotienten des Untersuchungszeitraums (z.B. eine Stunde) und der durchschnittlichen Bedienungszeit berechnet. Zudem bildet sie eine wichtige Grundlage für die Bestimmung weiterer Untersuchungsergebnisse (z.B. der Wartezeitfunktion). In der praktischen Anwendung im Eisenbahnbereich weist die durchsatzbezogene Leistungsfähigkeit darauf hin, wie viele Züge einen gegebenen Untersuchungsraum "maximal" befahren können, wenn die Wartezeit gegen unendlich strebt. Die Bestimmung der durchsatzbezogenen Leistungsfähigkeit gestaltet sich bei hoher Komplexität der Infra- und Fahrplanstruktur sehr aufwendig, weshalb in diesem Kapitel ein weiterentwickeltes Verfahren gezeigt werden soll, das die durchsatzbezogene Leistungsfähigkeit mithilfe einer simulativen Methode unter Berücksichtigung der Wirkungen der transienten Phase bestimmt.

5.1 Vorhandene Verfahren

5.1.1 Analytische Verfahren

Zur Bestimmung der durchsatzbezogenen Leistungsfähigkeit bieten sich eine Reihe unterschiedlicher Verfahren an. Unter anderem wurde in [Internationaler Eisenbahnverband (UIC) 2004] ein Verfahren anhand des Zeit-Weglinien-Diagramms erarbeitet. In diesem werden die Sperrzeittreppen der Züge solange komprimiert, bis sie sich gerade berühren. Dabei darf sich allerdings die zugehörige Struktur nicht ändern. Nach dieser Methode errechnet sich der Nutzungsgrad der Infrastruktur aus dem Quotienten der gesamten Zeitdauer des komprimierten Fahrplans und dem Untersuchungszeitraum. [Internationaler Eisenbahnverband (UIC) 2004] greift auf praktische Erfahrungen als Vorgabe für die Obergrenzen des Nutzungsgrades von verschiedenen Betriebsprogrammen und dem Untersuchungszeitraum zurück. Solange der Nutzungsgrad unter der vorgegebenen Obergrenze liegt, wird versucht, zusätzliche Züge in den Fahrplan einzufügen. Die durchsatzbezogene Leistungsfähigkeit entspricht dann der Belastung mit demselben Wert wie die vorgegebene Obergrenze des Nutzungsgrades.

Es wurde jedoch u.a. von [Lindner 2009] gezeigt, dass das Verfahren aufgrund der Linienunterteilung in geeignete Partitionen, der Bündelung von Trassenwegen u.v.m. nur eine stark eingeschränkte Nutzbarkeit besitzt.

[Schwanhäußer 1978] stellte in seiner Arbeit erstmals die Idee von Teilfahrstraßenknoten dar. Aus dieser Idee entwickelten [Vakhtel 2002], [Nießen 2008] und [Wendler 2011] ein Verfahren, mit dem die durchsatzbezogene Leistungsfähigkeit mithilfe von Teilfahrstraßenkonten bzw. Gesamtfahrstraßenknoten und der Mindestzugfolgezeiten bestimmt werden kann. Dazu wird die Infrastruktur in Einheiten (Teilfahrstraßenknoten) aufgeteilt und diese werden als Bedienungsstelle im Sinne der Warteschlangentheorie modelliert, wobei alle Bedienungsstellen unabhängig voneinander betrachtet werden. Die durchschnittliche Bedienungzeit der Bedienungsstelle lässt sich dann durch den Mittelwert aller möglichen Mindestzugfolgezeiten zwischen den Zugfahrten darstellen. Die durchsatzbezogene Leistungsfähigkeit berechnet sich somit wie folgt:

$$\frac{Durchsatzbezogene}{Leistungsfähigkeit} = \frac{Zeiteinheit}{Durchschnittliche\ Bedienungszeit} \qquad (\ 5\text{-}1\ )$$

Das Verfahren ist zwar für die Untersuchung von Strecken gut geeignet, gerade bei großen Bahnhöfen mit komplizierten Strukturen, ist es jedoch schwierig eine Methode zu finden, die sich mit einem mathematisch beherrschbaren Modell beschreiben lässt [Vakhtel 2002]. Als mögliche Lösung des Problems wird in [Nießen 2008] statt eines einzelnen Teilfahrstraßenknotens der Gesamtfahrstraßenknoten untersucht, der als „multiresource queue" modelliert wird. Die Modellierung unterliegt jedoch gewissen Einschränkungen: „Der Beginn einer Belegung durch einen Kunden erfolge für alle benötigten Kanäle zeitgleich. Nach der Bedienung des Kunden j mit der Bedienrate μ_j werden alle belegten Kanäle zur selben Zeit wieder freigegeben." Dies steht im Widerspruch zur Funktionalität der Auflösekontakte, mit denen eine Fahrstraße teilweise aufgelöst werden kann, und damit auch zu den Teilfahrstraßenauflösungen, die in modernen Anlagen üblicherweise verwendet werden und sich direkt auf die Leistungsfähigkeit auswirken (vgl. [Martin et al. 2013b]).

Die analytischen Methoden haben den Vorteil, dass es möglich ist, sie direkt aus der mathematischen Modellierung abzuleiten. Zudem sind sie unabhängig von der transienten Phase. Jedoch müssen zuvor die Eigenschaften der Infrastruktur sowie des

Fahrplans exakt ermittelt und verschiedene spezielle Fälle mit Hilfe zusätzlicher komplizierter mathematischer Theorien untersucht werden. Da sich hierbei vor allem die integrative Verknüpfung der zunächst isoliert untersuchten Teilbereiche der Infrastruktur als extrem schwierig und aufwendig erweist, reduzieren sich die Vorteile des analytischen Ansatzes bei komplexen Aufgabenstellungen weitgehend.

5.1.2   Simulative Verfahren

Zur besseren Darstellung der simulativen Verfahren werden folgende Begriffe (Kenngrößen) eingeführt:

Eingangsbelastung: Die Anzahl der Züge (pro Stunde), die fahrplanmäßig in den Untersuchungsraum während des Auswertzeitraums einfahren bzw. im Untersuchungsraum beginnen.

Ausgangsbelastung: Die Anzahl der Züge (pro Stunde), die den Untersuchungsraum während des Auswertzeitraums verlassen bzw. im Untersuchungsraum enden.

Der Grund für die Einführung dieser Kenngrößen liegt in der Vorgehensweise des simulativen Verfahrens. Darin werden zunächst die beiden Kenngrößen erfasst. Sie stellen die derzeitige Anzahl der Züge im System dar und zeigen an, in welchem Zustand sich das System befindet. Zur Bestimmung der durchsatzbezogenen Leistungsfähigkeit ist es also nötig die beiden Kenngrößen mithilfe einer hinreichend großen Anzahl von Fahrplanverdichtungen, in den notwendigen Verdichtungsstufen, zu bestimmen. Hieraus lässt sich die durchsatzbezogene Leistungsfähigkeit ableiten.

Ein anderes Verfahren zur Bestimmung der durchsatzbezogenen Leistungsfähigkeit (maximale Leistungsfähigkeit) wurde in den 90er Jahren von [Hertel 1992] und [Ludwig 1990] ausgearbeitet. Das Verfahren geht von einem Einfahrblock aus, dessen Belastung durch schrittweise Erhöhung der Züge im Fahrplan gesteigert wird, bis der Einfahrblock voll ausgelastet ist. Ist dieser Punkt erreicht, kann die durchsatzbezogene Leistungsfähigkeit aus der Ausgangsbelastung ermittelt werden. Jedoch besitzt ein Eisenbahnknoten in der Regel mehr als nur einen Einfahrblock, weshalb zunächst der auszulastende Einfahrblock der Infrastruktur bestimmt werden muss. Diesen maßgebenden Einfahrblock zu ermitteln, ist allerdings nicht trivial.

Ein Verfahren für Infrastrukturen mit mehreren Einfahrblöcken wurde in [Martin et al. 2005] entworfen. Auch in diesem Verfahren wird die Eingangsbelastung schrittweise erhöht, die durchsatzbezogene Leistungsfähigkeit berechnet sich hier jedoch aus der maximalen Ausgangsbelastung +1 Zug/h. Da in der Simulation eine "unendliche" Wartezeit als Grenzwert nicht abgebildet werden kann, wird der größte simulativ ermittelte Wert um "1" erhöht. Bei einen hinreichend großen Zahl von Simulationsläufen wird dadurch die durchsatzbezogene Leistungsfähigkeit mit hoher Wahrscheinlichkeit bestimmt. Abbildung 18 stellt das Verfahren anhand des Beispiel 1 im Anhang I dar. Die maximale Belastung beträgt im Beispiel 41,5 [Züge/h]. Daraus wird 41,5 + 1 = 42,5 [Züge/h] als die durchsatzbezogene Leistungsfähigkeit ermittelt.

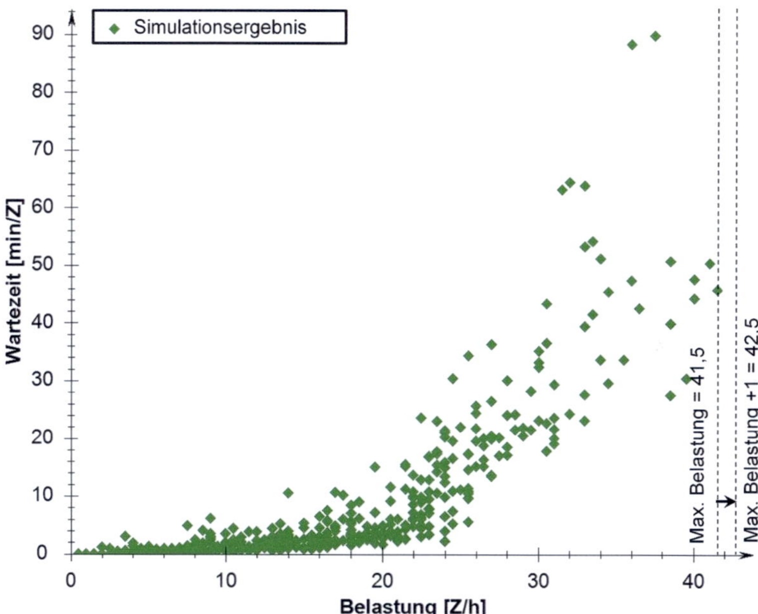

Abbildung 18: **Bestimmung der durchsatzbezogenen Leistungsfähigkeit mit maximaler Ausgangsbelastung**

Nachteilig wirkt sich jedoch eine Änderung der Randbedingung der Untersuchung aus, die dadurch zustande kommen kann, dass selbst bei voller Auslastung des ersten Einfahrblocks noch weitere Züge in die anderen Einfahrblöcke fahren können. Dadurch verändern sich die Anteile der einzelnen Einfahrblöcke an den Zuglaufgruppen, was wiederum zu einer unzulässig veränderten Struktur des Betriebsprogramms führen kann. Da unterschiedliche Betriebsprogramme auf derselben Infrastruktur zu völlig verschiedenen durchsatzbezogenen Leistungsfähigkeiten führen können, kann daraus bei unsachgemäßer Anwendung des Verfahrens ein ungenaues Untersuchungsergebnis (z.B. optimaler Leistungsbereich) resultieren, das direkt von der durchsatzbezogenen Leistungsfähigkeit abhängig ist. Die Beibehaltung der Struktur des Betriebsprogramms führt demzufolge zu einem deutlich erhöhten Aufwand bei der Anwendung des bisherigen Verfahrens.

In einer Weiterentwicklung des Verfahrens von [Schmidt 2009] werden deshalb das Verhältnis von Eingangs- und Ausgangsbelastung und die Abhängigkeit der Wartezeit vom Auswertezeitraum als zwei Indikatoren in iterativen Schritten benutzt.

Solange die Eingangs- und Ausgangsbelastung kleiner sind als die durchsatzbezogene Leistungsfähigkeit, bedeutet dies, dass die Eingangsbelastung in der stationären Phase[12], abgesehen von statistischen Schwankungen, gleich der Ausgangsbelastung ist. Diese Eigenschaft ist die Grundlage für die Untersuchung des Verhältnisses von Eingangs- und Ausgangsbelastung. Zudem lässt sich die durchsatzbezogene Leistungsfähigkeit aus dem Abweichungspunkt[13] der Eingangs- und Ausgangsbelastung ableiten. Zur Ermittlung dieses Abweichungspunktes wird in [Schmidt 2009] ein Verfahren beschrieben, bei dem die Fahrplanverdichtungsstufen solange gleichmäßig mit demselben Schrittabstand (z.B 5%) erhöht werden, bis eine im Vergleich zur Ausgangsbelastung signifikant höhere Eingangsbelastung festgestellt wird. Ist dieser Punkt erreicht, so wird ein Bereich ermittelt, in dem die durchsatzbezogene Leistungsfähigkeit wahrscheinlich liegt. In diesem Bereich werden nun weitere Fahrplanverdichtungen erstellt und die Schrittweite entsprechend verkleinert. Um die statistische Sicherung der Ergebnisse zu gewährleisten, werden im zuvor abgegrenzten Bereich mindestens drei zusätzliche Fahrplanverdichtungen pro Eingangsbelastung generiert. Die erste Eingangsbelastung in diesem Bereich, die größer ist als der Durchschnitt der entsprechenden Ausgangsbelastungen, wird als durchsatzbezogene Leistungsfähigkeit festgelegt. In Abbildung 19 wird die Anwendung des Verfahrens für Beispiel 1 im Anhang I dargestellt. Nachdem eine zusätzliche Fahrplanverdichtung mit Eingangsbelastung im Bereich 20 bis 25 [Züge/h] simuliert wurde, wird der erste Datenpunkt mit einer Eingangsbelastung von 22,5 [Züge/h], dessen Ein-

---

[12] Gleichgewichtszustand des Systems

[13] Der Abweichungspunkt bezieht sich auf den größten Datenpunkt, dessen Eingangsbelastung noch gleich der (durchschnittlichen) Ausgangsbelastung ist.

gangsbelastung größer als die Ausgangsbelastung ist, als die durchsatzbezogene Leistungsfähigkeit festgelegt.

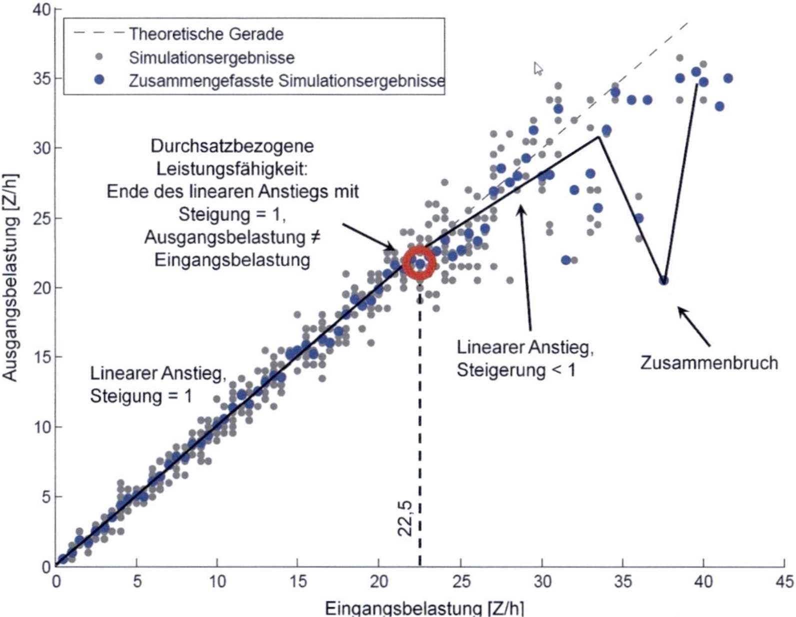

Abbildung 19:   **Verhältnis von Eingang- und Ausgangsbelastung**

Ein weiteres Verfahren aus [Schmidt 2009], dass auf der Abhängigkeit der Wartezeit von der Auswertezeit beruht, arbeitet ebenfalls mit der Ermittlung eines Abweichungspunktes. Solange die Belastung unterhalb der durchsatzbezogenen Leistungsfähigkeit liegt, bleibt der Erwartungswert der Wartezeiten in allen Abschnitten im Auswertezeitraum gleich. Aus diesem Grund legt das Verfahren den Abweichungspunkt zwischen den Wartezeiten als durchsatzbezogene Leistungsfähigkeit fest. Im Bereich oberhalb der durchsatzbezogenen Leistungsfähigkeit kommt es zu Abweichungen der Wartezeiten der verschiedenen Auswertezeiträume. Die Bestimmung des Abweichungspunktes funktioniert ähnlich wie im Verfahren, das mit dem Verhältnis von Eingangs- zu Ausgangsbelastung arbeitet. Zunächst wird ein grober Bereich für die durchsatzbezogene Leistungsfähigkeit eingegrenzt, die danach genauer lokalisiert wird, indem mehrere zusätzliche Fahrplanverdichtungen generiert werden. In Abbildung 20 wird die Anwendung dieses Verfahrens für Beispiel 1 aus dem Anhang I dargestellt. Es ist zu beobachten, dass die drei Kurven ab c.a. 21 [Züge/h] voneinander abweichen. Der Abweichungspunkt (21 [Züge/h]) wird als die durchsatzbezogene Leistungsfähigkeit festgelegt.

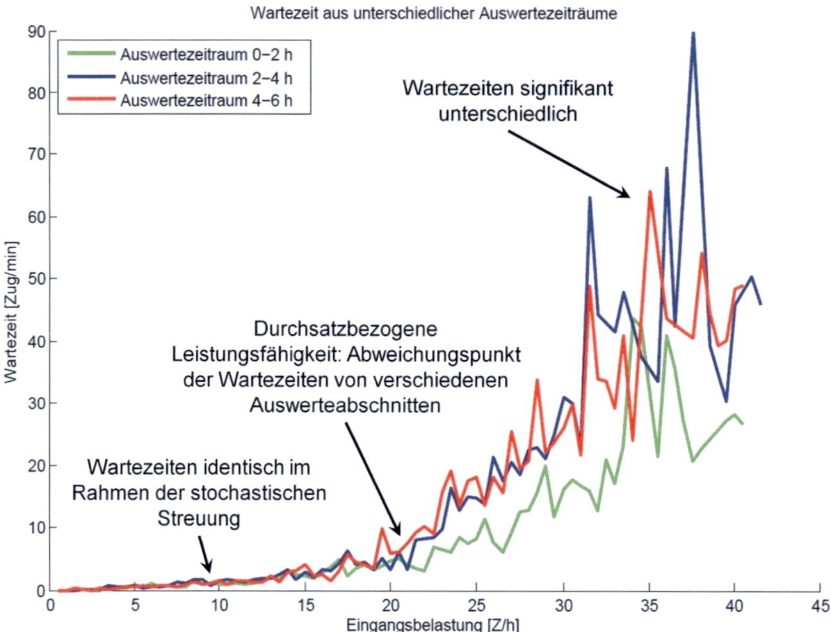

Abbildung 20: die Abhängigkeit der Wartezeit vom Auswertezeitraum

Bei der Anwendung der beiden Indikatoren besteht das Hauptproblem darin, den zufälligen Einfluss hinreichend zu berücksichtigen, um die Plausibilität des Ergebnisses möglichst hoch zu halten. Die statistische Sicherung der Ausgangsbelastung bzw. Wartezeit einer bestimmten Belastung erfordert die Generierung mehrerer Fahrpläne. Da die Fahrplanverdichtungen eine große Zufälligkeit aufweisen, ist die Erstellung einer Fahrplanverdichtung mit einer bestimmten Belastung nicht trivial. Die Generierung einer statistisch gesicherten Ausgangsbelastung bzw. Wartezeit wird daher sehr aufwendig (es sind mehrere Versuche notwendig). Die Anzahl der benötigten Versuche erhöht sich zusätzlich erheblich, falls es notwendig wird die Wahrscheinlichkeit von Deadlocks bei der Anwendung synchroner Simulationsverfahren zu berücksichtigen. Allgemein ergibt sich ein statistischer Wert nur aus mehreren Stichproben, deren Anzahl von der Verteilung der zu untersuchenden Variable maßgeblich beeinflusst wird und niemals unter drei sinken sollte.

Zusammenfassend lässt sich festhalten, dass die Einschränkungen der vorhandenen Verfahren zur Ermittlung der durchsatzbezogenen Leistungsfähigkeit mit der simulativen Methode vor allem in der Beibehaltung des zu untersuchenden Betriebsprogramms und im Zeitaufwand der Generierung von Fahrplanverdichtungen liegen. Darüber hinaus werden die Wirkungen der transienten Phase in allen bisherigen Verfahren nicht berücksichtigt. Das kann zu Abweichungen zwischen dem realen Ergebnis und dem Ergebnis aus dem Verfahren führen (siehe Abschnitt 4.2.2).

5.2   Neues Verfahren mit simulativer Methode

In diesem Kapitel wird ein neues Verfahren zur Bestimmung der durchsatzbezogenen Leistungsfähigkeit mit der simulativen Methode abgeleitet und beschrieben.

5.2.1   Grundidee

Beide Ansätze von [Schmidt 2009] beziehen die Beibehaltung des Betriebsprogramms mit ein. Das neue Verfahren kann auf Grundlage der Indikatoren aus Abschnitt 5.1.2 entwickelt werden. Allerdings muss hier zusätzlich die Streuung der Simulationsergebnisse untersucht werden, um den Zeitaufwand des neuen Verfahrens gering zu halten. Praktische Erfahrungen zeigen, dass die Streuungen der Wartezeit in den verschiedenen Abschnitten des Auswertezeitraums größer sind als die Streuungen der Ausgangsbelastung. Aus diesem Grund wird der Indikator „Verhältnis von Eingangs- und Ausgangsbelastung" in der neu entwickelten Methode verwendet.

In Abschnitt 5.1.2 wurde bereits darauf eingegangen, dass die exakte Bestimmung des Abweichungspunkts zwischen Eingangs- und Ausgangsbelastung sehr aufwendig ist. Ursache hierfür ist die Generierung der Deadlock-freien Fahrplanverdichtungen mit derselben Eingangsbelastung bei Anwendung des synchronen Simulation. Im neu entwickelten Verfahren wird dieses Vorgehen deshalb vermieden. Stattdessen werden die naheliegenden Fahrplanverdichtungen zusammengefasst betrachtet und ihr Verlauf berücksichtigt. Auf diese Weise wird das Problem der Generierung der Fahrplanverdichtung mit einer bestimmten Eingangsbelastung umgangen.

Viele Verfahren mit simulativer Methode benötigen eine Kalibrierung des Ergebnisses[14], um eine hinreichende Robustheit des Ergebnisses gegen zufällige Einflüsse zu gewährleisten. Das hier vorgestellte neue Verfahren enthält ebenfalls einen einzelnen Kalibrierungsschritt, durch den die Plausibilität der ermittelten durchsatzbezogenen Leistungsfähigkeit garantiert wird. In Abschnitt 5.2.2 wird der ausführliche Ablauf des Verfahrens, das zum ersten Mal in [Martin & Chu 2012] entworfen wurde, dargestellt.

5.2.2 Ablauf des Verfahrens

Um eine signifikante Abweichung zwischen Eingangs- und Ausgangsbelastung herbeizuführen, ist die Generierung einer Fahrplanverdichtung mit möglichst hoher Belastung notwendig. Handelt es sich bei dem zu untersuchenden Betriebsprogramm um einen realen Fahrplan, so kann typischerweise eine Verdichtungsstufe von 250% gewählt werden. Dieser Wert ergibt sich aus praktischen Erfahrungen. Entsteht bei der Verdichtungsstufe 250% keine Ausgangsbelastung, die signifikant kleiner ist als die Eingangsbelastung, wird das Betriebsprogramm mit schrittweise um 50% erhöhter Verdichtungsstufe verdichtet, bis die signifikante Abweichung zwischen Eingangs- und Ausgangsbelastung auftritt oder das Simulationswerkzeug die Simulation wegen der hohen Zuganzahl nicht mehr durchführen kann. Falls die Verdichtungsstufe nicht mehr simulierbar ist, wird sie wieder schrittweise um 10% reduziert, bis die Simulation durchgeführt werden kann. Sollte in sehr seltenen Fällen bei der höchsten simulierbaren Verdichtungsstufe keine signifikante Abweichung zwischen Eingangs- und Ausgangsbelastung gefunden werden, wird das Verfahren abgebrochen. Dieses Vorgehen ist in Abbildung 21 dargestellt.

---

[14] Zum Zeitpunkt der Erstellung der vorliegende Dissertation ist ein DFG-Projekt „Entwicklung eines Algorithmus für die Kalibrierung von Modellen zur Betriebssimulation in spurgeführten Verkehrssystemen unter Berücksichtigung stochastischer Bedingungen" mit dem Förderkennzeichen „MA 2326/9-1" noch in der Bearbeitungsphase [Martin & Cui 2011]. Ein wesentliches Ziel des Projektes ist die Entwicklung einer komplexen und umfassenden Kalibrierungsmethode für das gesamte Simulationsmodell.

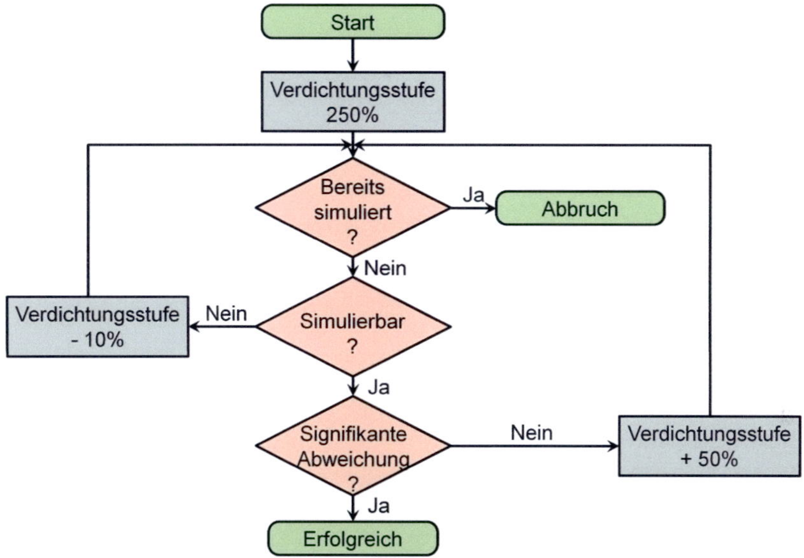

**Abbildung 21:   Vorgehen zur Ermittlung der signifikante Abweichung von Eingangs- und Ausgangsbe-
lastung (Quelle: [Martin & Chu 2012])**

Die Ausgangsbelastung der höchsten Verdichtungsstufe wird als erste quasi-durchsatzbezogene Leistungsfähigkeit verwendet. Es wird empfohlen, die Fahrplanverdichtungen so zu generieren, dass deren Eingangsbelastungen gleichmäßig mit 5%-Schrittweite von 0 bis 125% auf die quasi-durchsatzbezogene Leistungsfähigkeit verteilt werden.

Danach wird die neue Methode (siehe Abschnitt 5.2.3) angewendet, um den Abweichungspunkt zwischen Eingangs- und Ausgangsbelastung zu ermitteln, der für den weiteren Schritt zur Bestimmung der durchsatzbezogenen Leistungsfähigkeit verwendet wird.

5.2.3   Methode zur Erkennung des Abweichungspunkts

Die Methode lässt sich in den drei folgenden Schritten zusammenfassen (die drei Schritte der Methode werden aus [Martin & Chu 2012] zitiert):

Die durchsatzbezogene Leistungsfähigkeit

1. **Vorbereitung der Datenpunkte**:

Die Eingangs- und Ausgangsbelastungen, die aus den Simulationsdaten bestimmt worden sind, werden als Datenpunkte $P_i = (E_i, A_i)^{15}$ für die folgende Methode betrachtet. Die Datenpunkte werden nach ihrer Eingangsbelastung gruppiert. Die Datenpunkte in einer Gruppe werden zu einem Datenpunkt zusammengefasst. Dabei ergibt sich die Ausgangsbelastung einer Gruppe aus dem durchschnittlichen Wert der Ausgangsbelastungen in dieser Gruppe. Eine Sortierung (aufsteigend) der Datenpunkte nach ihrer Eingangsbelastung ist vor den weiteren Schritten vorzunehmen. Im letzten Schritt der Vorbereitung der Datenpunkte werden die vertikalen Abstände $d_i = |E_i - A_i|$ (mit $x :=$ Eingangsbelastung (E), $y :=$ Ausgangsbelastung (A))zwischen allen zusammengefassten Datenpunkten und der Geraden $(E = A)$ bestimmt.

2. **Iteration**:

Folgende Teilschritte werden wiederholt, solange das Abbruchskriterium nicht erreicht wird.

- Anfang:

  quasi-durchsatzbezogene Leistungsfähigkeit (quasi-DS. LF.) $= max(A_i)$

- Sei $U = \{P_j = (E_j; A_j)|E_j \leq$ quasi-DS. LF.$\}$. Die Standardabweichung σ wird berechnet:

$$\sigma = \sqrt{\frac{1}{k-1} \cdot \sum_{j=1}^{k} d_j^2} \qquad\qquad (5\text{-}2)$$

wobei

- E_j; A_j die Eingangs- und Ausgangsbelastung des Datenpunkts P_j,
- k die Anzahl der Datenpunkte von U,
- d_j der vertikale Abstand zwischen dem Datenpunkt P_j und der Geraden $(E = A)$

bezeichnet.

---

[15] E_i: Eingangsbelastung des i-ten Datenpunktes; A_i: Ausgangsbelastung des i-ten Datenpunktes

- Weglassen der Datenpunkte $P_j(\in U)$ aus den weiteren Schritten, für die gilt (Ausreißer im unteren und mittleren Bereich):

$$d_j \geq 2 \cdot \sigma \text{ und } E_j < 0{,}9 \cdot \text{quasi-DS. LF.} \qquad (\,5\text{-}3\,)$$

- Überprüfe, ob ein Datenpunkt P_i unter der theoretischen Geraden ($E = A$) liegt und der Abstand $d_i \geq 2 \cdot \sigma$ ist

Erfüllen drei[16] nacheinander folgende Datenpunkte diese Bedingung, wird die neue quasi-durchsatzbezogene Leistungsfähigkeit für den nächsten Iterationsschritt aus dem Mittelwert der Ausgangsbelastungen dieser drei Datenpunkte berechnet. Der Iterationsschritt wird wiederholt.

Falls keine drei aufeinander folgenden Datenpunkte die Bedingung erfüllen, impliziert dies die Mangelhaftigkeit der Datenpunkte. Es fehlen noch die Datenpunkte mit hoher Eingangsbelastung, die signifikant größer als die entsprechende Ausgangsbelastung sind. Solange solche Datenpunkte durch weitere Simulation gefunden werden, kann die Methode erneut durchgeführt werden.

- Die Iteration wird abgebrochen,

falls die quasi-durchsatzbezogenen Leistungsfähigkeiten von zwei Iterationsschritten übereinstimmen. In diesem Fall wird diese quasi-durchsatzbezogene Leistungsfähigkeit weiter in Schritt 3 (Kalibrierung) eingesetzt.

Falls der Iterationsschritt bis zur Maximalanzahl (z.B. 100)[17] nicht konvergiert, impliziert dies eine unzureichende Datengrundlage. Dabei sind die Ausreißer manuell zu bearbeiten oder zusätzliche Datenpunkte zu generieren.

---

[16] Durch die Anzahl (drei) der Datenpunkte wird die Genauigkeit der Methode gewährleistet. Die genauer Erklärung findet man in [Martin & Chu 2012]

[17] "Einerseits konvergiert das Verfahren aus praxisbezogenen Erfahrungen bereits vor Erreichen von 100 Iterationsschritten. Andererseits ist auch der Zeitaufwand bei Anwendung der Methode zu berücksichtigen. Falls die zulässige Anzahl der Iterationen mit deutlich über 100 angenommen wird, ist der Zeitaufwand bei typischerweise komplexen Aufgabenstellungen nicht mehr akzeptabel." [Martin & Chu 2012]

3. Kalibrierung:

Liefert der Iterationsschritt eine gültige quasi-durchsatzbezogene Leistungsfähigkeit (quasi-DS. LF.), wird die Kalibrierung durchgeführt. Die in diesem Schritt zu berücksichtigenden Datenpunkte (P_i) werden wie folgt begrenzt:

$$\{P_i = (E_i, A_i)\mid E_i \leq \text{quasi-DS. LF} + 2\sigma, \text{ und } A_i \leq \text{quasi-DS. LF} + 2\sigma\}$$

wobei σ die Standardabweichung der Datenpunkte vom letzten Iterationsschritt bezeichnet.

Eine Modellfunktion, die aus der theoretischen Gerade ($g1$) und einer weiteren Gerade ($g2$) (siehe Abbildung 22) besteht, wird verwendet, um die zu berücksichtigenden Datenpunkte zu approximieren. Hierbei wird wieder das Beispiel 1 aus dem Anhang I verwendet, um den Kalibrierungsschritt zu veranschaulichen. Die blauen Punkte sind die zu berücksichtigenden Datenpunkte. Der Abweichungspunkt (die kalibrierte quasi-durchsatzbezogene Leistungsfähigkeit) ergibt sich dann aus dem Schnittpunkt der beiden Geraden. In Abbildung 22 ist zu beobachten, dass die kalibrierte quasi-durchsatzbezogene Leistungsfähigkeit (3. Schritt) besser als die quasi-durchsatzbezogene Leistungsfähigkeit aus der Iteration (2. Schritt) den Abweichungspunkt zwischen Eingangs- und Ausgangsbelastung repräsentiert.

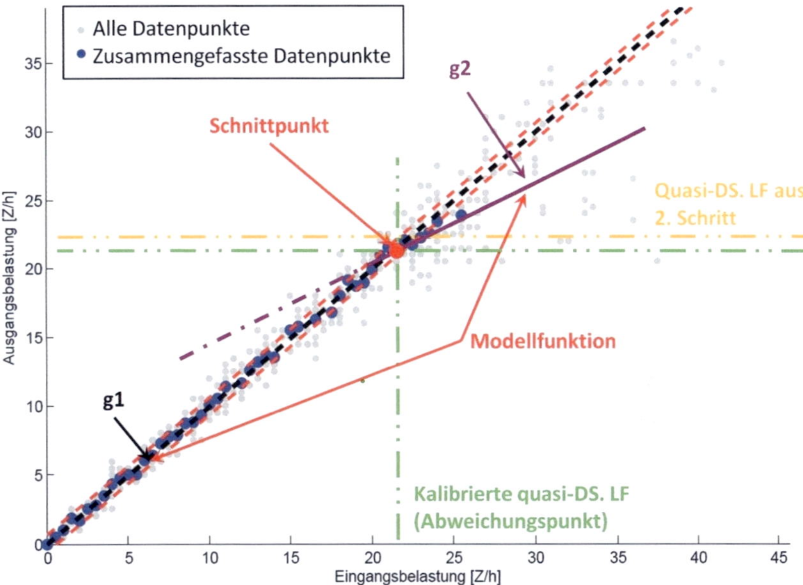

Abbildung 22:   Kalibrierung zur durchsatzbezogenen Leistungsfähigkeit

5.3   Zuschlag auf die durchsatzbezogene Leistungsfähigkeit

Wie in Abschnitt 4.2.2 beschrieben, ist eine systematische Abweichung zwischen dem ermittelten Abweichungspunkt von Eingangs- und Ausgangsbelastung und der realen durchsatzbezogenen Leistungsfähigkeit auf Grund der transienten Phase des Wartesystems vorhanden. Um diese Abweichung zu vermeiden, sind die Einflussfaktoren zu untersuchen. In diesem Abschnitt wird eine Modellfunktion anhand der Einflussfaktoren zur Bestimmung des Zuschlags auf die durchsatzbezogene Leistungsfähigkeit entworfen.

5.3.1   Vorhandene mathematische Form für die transiente Phase

Im mathematischen Sinne wurden bereits einige Untersuchungen der transienten Phase durchgeführt. Beispielsweise haben [Morse PM 1955] und [Takács 1962] eine Formel für die durchschnittliche Anzahl der Anforderungen im System vom Typ M/M/1[18] entworfen. Die Formel wird wie folgt dargestellt:

---

[18] Unter M/M/1 versteht man ein Wartesystem mit einer Bedienstelle, deren Ankunftsprozess und Bedienprozesse jeweils eine Exponentialverteilung besitzen.

Die durchsatzbezogene Leistungsfähigkeit

$$EL(i,t) = \frac{2}{\pi} \cdot \rho^{\frac{1-i}{2}} \cdot \int\limits_0^\pi \frac{e^{-\mu t \gamma(y)}}{\gamma(y)^2} \cdot a_i(y) \cdot \sin(y)\, dy$$

$$+ \begin{cases} \dfrac{\rho}{1-\rho} & f\ddot{u}r\ \rho < 1 \\[2ex] i + (\lambda - \mu) \cdot t + \dfrac{\rho^{-1}}{\rho - 1} & f\ddot{u}r\ \rho > 1 \end{cases} \qquad (\,5\text{-}4\,)$$

wobei $EL(i,t)$ die durchschnittliche Anzahl der Anforderungen im System zum Zeitpunkt t mit i Start-Anforderungen, $\rho = \lambda/\mu$ die Auslastung des Systems, λ und μ die Rate des Ankunfts- und Bedienprozesse bezeichnet. Außerdem gilt:

$$\gamma(y) = 1 + \rho - 2\sqrt{\rho} \cdot \cos(y) \qquad (\,5\text{-}5\,)$$

und

$$a_k(y) = \sin(k \cdot y) - \sqrt{\rho} \cdot \sin\big((k+1) \cdot y\big). \qquad (\,5\text{-}6\,)$$

Die Formel kann in zwei Terme, nämlich den transienten und den stationären Term, zerlegt werden. Der transiente Term ist $\frac{2}{\pi} \cdot \rho^{\frac{1-i}{2}} \cdot \int_0^\pi \frac{e^{-\mu t \gamma(y)}}{\gamma(y)^2} \cdot a_i(y) \cdot \sin(y)\, dy$. Bei $\rho < 1$ ist der stationäre Term $\frac{\rho}{1-\rho}$. Der transiente Term ist nur gleich 0, wenn die Vorlaufzeit t gegen unendlich strebt. Das Verhältnis des transienten Terms bzgl. verschiedener Auslastungsgrade wird schematisch in Abbildung 23 dargestellt. Aus der Abbildung 23 kann ebenfalls erkannt werden, dass mit höherem Auslastungsgrad die Wirkung des transienten Terms zunimmt, falls die Vorlaufzeit t vorgegeben ist. Beispielsweise bei $t = 7200s$ ist die Wirkung des transienten Terms beim Auslastungsgrad $\rho = 0{,}3$ fast gleich null. Im Vergleich dazu beträgt die Wirkung bei $\rho = 0{,}9$ noch 50% (abgesehen vom Vorzeichen).

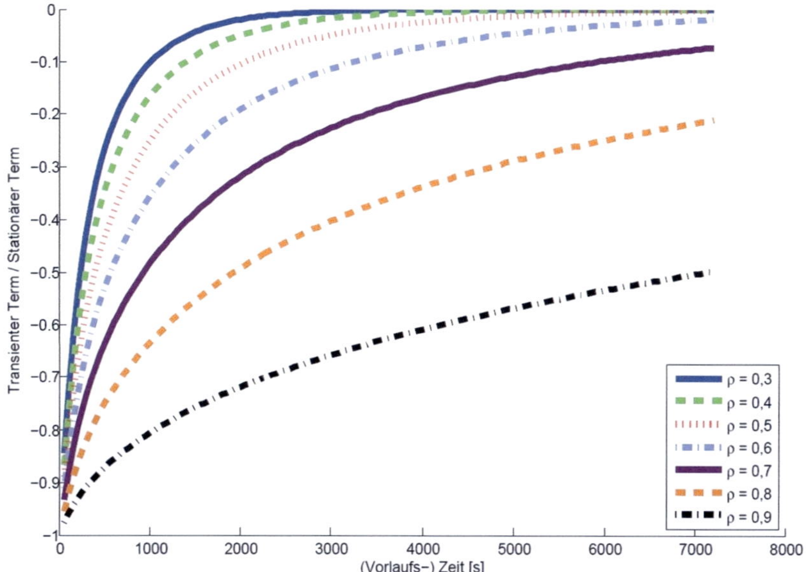

Abbildung 23:   Verhältnis des transientes Terms

Es kann die Aussage getroffen werden, dass bei vorgegebenem Auslastungsgrad ρ und Vorlaufzeit t die Wirkung des transienten Terms (transienter Term / stationärer Term) prozentual berechnet werden kann.

Beim Wartesystem M/D/1[19] kann die Wirkung des transienten Terms näherungsweise einfach halbiert werden. Dies wird begründet durch die lineare Abhängigkeit der Wirkungen der transienten Phase und der Summe des Quadrats des Variationskoeffizienten von Ankunfts- und Bedienprozess $(c_A{}^2 + c_B{}^2)$ (siehe Abschnitt 5.3.3).

Bei der Anwendung der Formel (5-4) zur Bestimmung der realen durchsatzbezogenen Leistungsfähigkeit anhand des ermittelten Abweichungspunkts zwischen Eingangs- und Ausgangsbelastung wird der Parameter i zuerst festgelegt. Da in der praktischen Anwendung das System am Anfang immer leer ist, ist i in Formel (5-4) gleich 0. Danach ist die Toleranz p des Verfahrens (zur Bestimmung des Abweichungspunkts zwischen Eingangs- und Ausgangsbelastung) gegenüber den Wirkun-

---

[19] Unter $M/D/1$ versteht man ein Wartesystem mit einer Bedienstelle, dessen Ankunftsprozess eine Exponentialverteilung besitzt. Die Bedienungszeit bei der Bedienstelle ist konstant.

Die durchsatzbezogene Leistungsfähigkeit

gen der transienten Phase zu ermitteln. Dabei kann ein einfaches Beispiel herangezogen werden, dessen reale durchsatzbezogene Leistungsfähigkeit, Vorlaufzeit t_0 und die durchschnittliche Bedienungszeit $1/\mu_0$ bekannt sind. Aus dem ermittelten Auslastungsgrad ρ_0 (= Abweichungspunkt / reale durchsatzbezogene Leistungsfähigkeit) ergibt sich die Toleranz p wie folgt:

$$p = \frac{\frac{2}{\pi} \cdot \sqrt{\rho_0} \cdot \int_0^\pi \frac{e^{-\mu_0 t \gamma(y)}}{\gamma(y)^2} \cdot (-\sqrt{\rho_0} \cdot \sin(y)) \cdot \sin(y)\, dy}{\frac{\rho_0}{1 - \rho_0}} \qquad (\,5\text{-}7\,)$$

wobei $\gamma(y) = 1 + \rho_0 - 2\sqrt{\rho_0} \cdot \cos(y)$ ist.

Diese Toleranz p kann dann in anderen Untersuchungen eingesetzt werden, um den entsprechenden Auslastungsgrad ρ_1 (= Abweichungspunkt / reale durchsatzbezogene Leistungsfähigkeit) zu berechnen, bei dem die Wirkung des transienten Terms kleiner ist als die Toleranz des Verfahrens. ρ_1 ergibt sich aus der Lösung folgender Gleichung:

$$\frac{\rho_1}{1 - \rho_1} \cdot p = \frac{2}{\pi} \cdot \sqrt{\rho_1} \cdot \int_0^\pi \frac{e^{-\mu_1 t \gamma(y)}}{\gamma(y)^2} \cdot (-\sqrt{\rho_1} \cdot \sin(y)) \cdot \sin(y)\, dy \qquad (\,5\text{-}8\,)$$

wobei

 - $\gamma(y) = 1 + \rho_1 - 2\sqrt{\rho_1} \cdot \cos(y)$ und
 - μ_1 die entsprechende durchschnittliche Bedienrate des Untersuchungsfalls ist.

Schließlich ergibt sich die reale durchsatzbezogene Leistungsfähigkeit des Untersuchungsfalls aus dem Quotienten des ermittelten Abweichungspunkts und des ermittelten Auslastungsgrads ρ_1.

Das Hauptproblem bei der Verwendung dieser Formel liegt einerseits an der Berechnung des Auslastungsgrad es in Formel (5-8), weil der Integral-Term $\int_0^\pi \frac{e^{-\mu_1 t \gamma(y)}}{\gamma(y)^2} \cdot$ $(-\sqrt{\rho_1} \cdot \sin(y)) \cdot \sin(y)\, dy$ nicht einfach integriert werden kann. Um dieses Problem zu lösen, ist eine passende numerische Methode (z.B. Intervallhalbierungsverfahren[20] zur Lösung des Nullstellenproblems) anzuwenden. Andererseits muss das Verfahren zur Bestimmung des Abweichungspunkts eine konstante Toleranz gegenüber

---

[20] [Burden & Faires 1997]

den Wirkungen der transienten Phase besitzen, welche beim vorhandenen Verfahren nicht berücksichtigt ist. Deshalb werden die Wirkungen der transienten Phase zusammen mit der Toleranz (gegen die transienten Phase) des Verfahrens zur Bestimmung des Abweichungspunkts in den folgenden Abschnitten im Sinne einer simulativen Methode untersucht. Die Einflussfaktoren werden bestimmt und eine einfach verwendbare Modellfunktion unter Berücksichtigung dieser Einflussfaktoren wird abgeleitet.

5.3.2   Einflussfaktoren

Der erste Faktor, der den Zuschlag auf die durchsatzbezogene Leistungsfähigkeit beeinflusst, ist die Verteilung des Ankunfts- und Bedienprozesses. Wenn die beiden Prozesse deterministisch sind, beginnt die stationäre Phase des Wartesystems ab der ersten Anforderung in der stationären Phase. Je "zufälliger" die beiden Prozesse sind, desto länger wird es dauern, bis das Wartesystem stationär wird. Hierbei wird die Zufälligkeit des Prozesses durch den Variationskoeffizienten repräsentiert. Demzufolge werden die **Variationskoeffizienten** der Ankunfts- und Bedienprozesse als erster Einflussfaktor betrachtet.

Wenn die Laufzeit unendlich lang ist, wird ein Wartesystem immer in die stationäre Phase wechseln. Daraus kann abgeleitet werden, dass je länger die Vorlaufzeit dauert bzw. je mehr Anforderungen in der Vorlaufzeit bereits bedient wurden, desto näher kommt das Wartesystem seiner stationären Phase. Deswegen kann die Länge der **Vorlaufzeit** als zweiter Einflussfaktor betrachtet werden. Die Anzahl der bedienten Anforderungen in der Vorlaufzeit ergibt sich aus der Länge der Vorlaufzeit und der **durchschnittlichen Bedienungszeit**, welche ebenfalls als ein Einflussfaktor in der weiteren Untersuchung berücksichtigt wird.

5.3.3   Untersuchung mit einem einfachen Modell

Um die Wirkung der Einflussfaktoren auf den Zuschlag zur Bestimmung der durchsatzbezogenen Leistungsfähigkeit zu untersuchen, wird im Rahmen dieser Arbeit ein einfaches Modell entwickelt. Im Modell wird ein Blockabschnitt der freien Strecke als eine (einkanalige) Bedienstelle abgebildet. Hierbei entsprechen der Ankunftsabstand der Anforderungen der Zugfolgezeit und die Bedienungszeit der Sperrzeit (Belegungszeit) auf der Strecke. Die Kapazität des Warteraums für die Bedienstelle wird als unendlich angenommen (siehe Abbildung 24).

Die durchsatzbezogene Leistungsfähigkeit

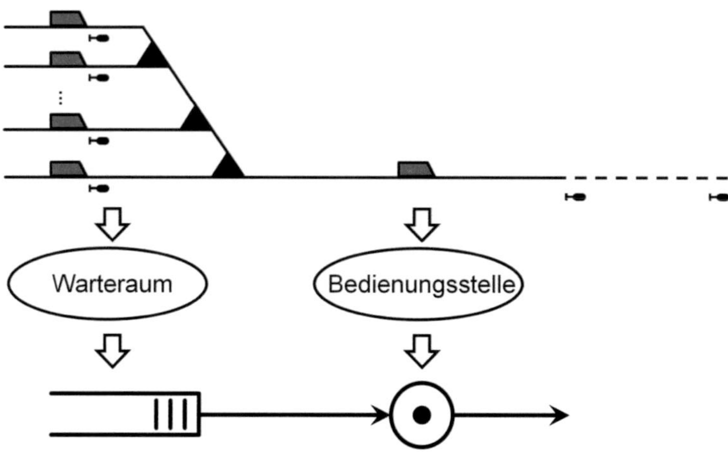

Abbildung 24:   Einfaches Modell für Experiment (Quelle: [Martin & Chu 2012])

In diesem Modell werden Wartesysteme mit verschiedenen Eigenschaften erprobt. Aufgrund der einfachen Struktur kann die reale durchsatzbezogene Leistungsfähigkeit dieses Modells direkt mit der durchschnittlichen Bedienungszeit berechnet werden. Der Abweichungspunkt zwischen Eingangs- und Ausgangsbelastung, der mit dem in Abschnitt 5.2 entworfenen Verfahren ermittelt wird, kann dann mit der realen durchsatzbezogenen Leistungsfähigkeit verglichen werden. Um ein statistisch gesichertes Ergebnis aus dem Modell zu bekommen, wird die Simulation mit denselben Eigenschaften (Typ des Wartesystems, Vorlaufzeit, Auswertezeitraum, durchschnittlichem Ankunftsabständ und Bedienungszeit) jeweils 10.000-mal wiederholt. Die Anzahl der Wiederholungen muss ausreichend groß, jedoch noch in annehmbarer Zeit berechenbar sein.

Zuerst werden die Vorlaufzeit und der Auswertezeitraum als Vorgabe festgelegt. Gleichzeitig werden die unterschiedlichen Wartesysteme (M/M/1, M/E2/1, usw.) mit verschiedenen durchschnittlichen Ankunftsabständen und Bedienungszeiten untersucht, um die Wirkung des Einflussfaktors „Variationskoeffizient" abzustimmen.

Im ersten Versuch werden die Vorlaufzeit und der Auswertezeitraum jeweils als drei Stunden und die durchschnittliche Bedienungszeit ($E(B)$) als 200 Sekunden angenommen. Die Ankunftsabstände (Zeiteinheit / Eingangsbelastung) werden wie im Verfahren in Abschnitt 5.2 erstellt. In Abbildung 25 ist die Differenz vom ermittelten Abweichungspunkt (zwischen Eingangs- und Ausgangsbelastung) zur realen durchsatzbezogenen Leistungsfähigkeit bzgl. verschiedener Wartesysteme dargestellt, wobei c_A und c_B die Variationskoeffizienten des Ankunfts- und Bedienprozesses bezeichnen.

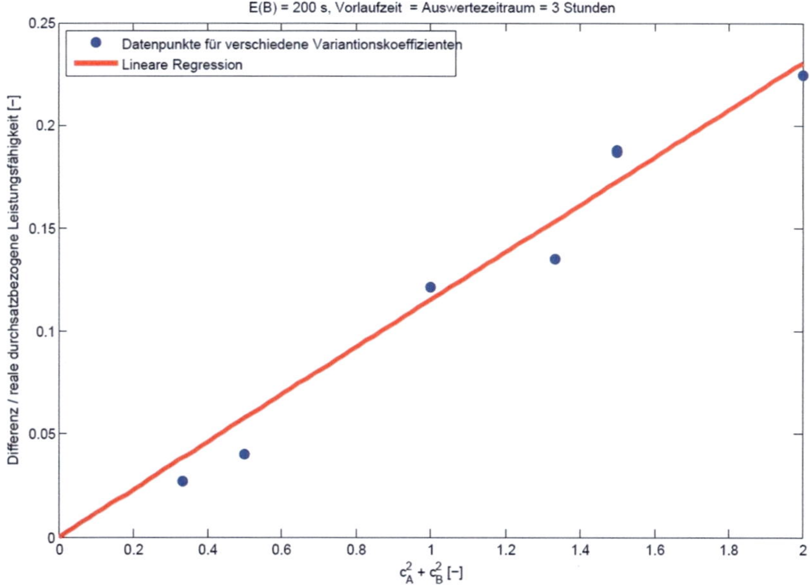

Abbildung 25: **Wirkung der Variationskoeffizienten**

Aus Abbildung 25 kann erkannt werden, dass die Abweichung linear von $(c_A{}^2 + c_B{}^2)$ abhängig ist. Um diese Aussage zu bestätigen, wird ein zweiter Versuch durchgeführt. Die Vorlaufzeit und der Auswertezeitraum sind nun jeweils als zwei Stunden vorgegeben. Hierbei werden nur Wartesysteme von $M/M/1$ und M/D/1 untersucht. Die durchschnittlichen Bedienungszeiten reichen von 50 bis 600 Sekunden, mit 25 Sekunden Schrittweite. Für jede Bedienungszeit werden die Ankunftsabstände ebenfalls wie im Verfahren in Abschnitt 5.2 generiert. Die Ergebnisse werden in Abbildung 26 dargestellt. Werden die Datenpunkte von zwei Wartesystemen durch eine Funktion approximiert, lässt sich leicht erkennen, dass $f(M/M/1) \approx 2 * f(M/D/1)$ gilt. Gleichzeitig ist $(c_A{}^2 + c_B{}^2)$ von M/M/1 (=2) doppel so groß wie $(c_A{}^2 + c_B{}^2)$ von $M/D/1$ (=1). Damit kann die Aussage bestätigt werden, dass die Differenz vom ermittelten Abweichungspunkt (zwischen Eingangs- und Ausgangsbelastung) zur realen durchsatzbezogenen Leistungsfähigkeit linear von $(c_A{}^2 + c_B{}^2)$ des Wartesystems abhängig ist, falls die anderen Eigenschaften des Wartesystem festgelegt sind.

Die durchsatzbezogene Leistungsfähigkeit

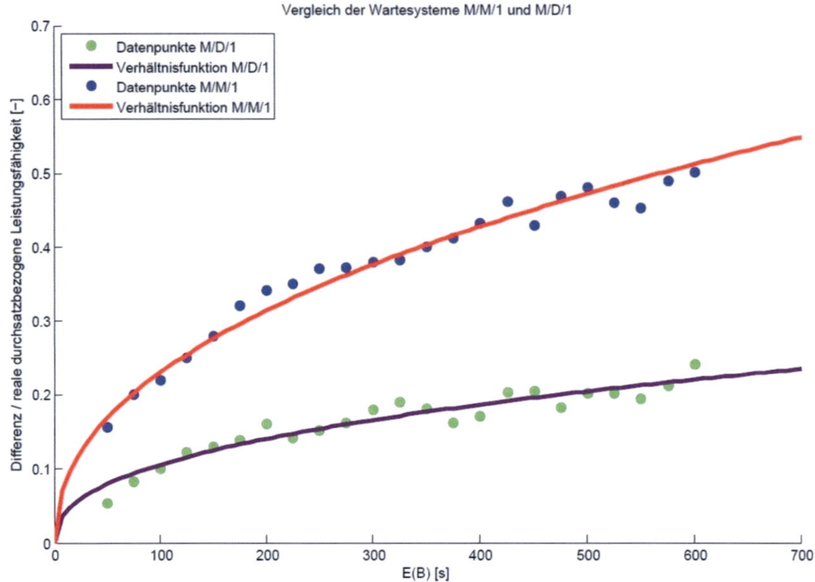

Abbildung 26:   Wirkung des Variationskoeffizient in verschiedenen Wartesystemen

Wird nur das Wartesystem (M/D/1) vom zweiten Versuch betrachtet, kann das Verhältnis zwischen der Differenz vom Abweichungspunkt (zwischen Eingangs- und Ausgangsbelastung) zur realen durchsatzbezogenen Leistungsfähigkeit und der durchschnittlichen Bedienungszeit durch eine Funktion beschrieben werden:

$$\text{Differenz} = a_M \cdot E(B)^{c_M} \qquad\qquad (\,5\text{-}9\,)$$

wobei $a_M = 0{,}014$ $c_M = 0{,}44$ gilt. Die Funktion beginnt mit der Null-Stelle und steigt am Anfang stark an. Je größer die durchschnittliche Bedienungszeit ist, desto langsamer steigt die Funktion an. In diesem Fall sind die Vorlaufzeit, der Auswertezeitraum sowie der Typ des Wartesystems als Vorgabe bereits festgelegt. Mit Formel (5-9) ist die Wirkung der durchschnittlichen Bedienungszeit unter bestimmten Randbedingungen (Vorlaufzeit = Auswertezeitraum = zwei Stunden, Wartesystem = M/D/1) erklärt. Die Verallgemeinerung auf verschiedene Vorlaufzeiten und Auswertezeiträumen wird in Abschnitt 5.3.4 aufgezeigt.

Um die Wirkung der Vorlaufzeit zu untersuchen, werden die anderen Einflussfaktoren wie im Allgemeinen fest vorgegeben definiert. Hier wird ein Wartesystem vom Typ M/D/1 mit Bedienungszeit 200 Sekunden und 2 Stunden Auswertezeitraum simuliert.

Die zu simulierenden Vorlaufzeiten reichen von 0 bis 2 Stunden mit 0,25 Stunden Schrittweite und von 2 bis 10 Stunden mit 1 Stunde Schrittweite. Für jeden Untersuchungsfall werden die Ankunftsabstände wie im Verfahren in Abschnitt 5.2 generiert. Das Verhältnis zwischen der Differenz vom Abweichungspunkt zur realen durchsatzbezogenen Leistungsfähigkeit und der Vorlaufzeit wird in Abbildung 27 dargestellt.

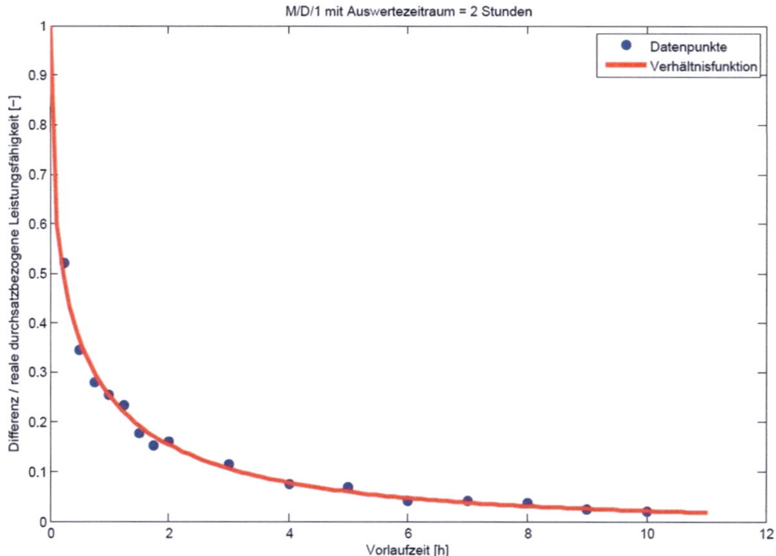

Abbildung 27:   Wirkung der Vorlaufzeit

Es ist zu beachten, dass bei null-Vorlaufzeit die Differenz vom ermittelten Abweichungspunkt (zwischen Eingangs- und Ausgangsbelastung) zur realen durchsatzbezogenen Leistungsfähigkeit bereits ab dem nullten Zug vorhanden ist, weil die Länge der transienten Phase (abgesehen vom Fall „Bedienungszeit = 0") nicht kleiner gleich null sein kann. Je länger die Vorlaufzeit für die Simulation ist, desto näher liegt der ermittelte Abweichungspunkt (zwischen Eingangs- und Ausgangsbelastung) bei der realen durchsatzbezogenen Leistungsfähigkeit. Dies ist dadurch begründet, dass bei größerer Überdeckung der transienten Phase durch die Vorlaufzeit die Auswirkungen der transienten Phase auf das Simulationsergebnis im Auswertezeitraum kleiner werden. Aus den Datenpunkten wird ebenfalls eine Funktion zur Darstellung der Wirkung der Vorlaufzeit entwickelt:

Die durchsatzbezogene Leistungsfähigkeit

$$\text{Differenz} = a_V{}^{\text{Vorlaufzeit}^{b_M}} \qquad\qquad (\ 5\text{-}10\ )$$

wobei $a_V = 0{,}25$ $b_M = 0{,}45$ gilt. In der praktischen Anwendung werden oftmals zwei Stunden als Vorlaufzeit in der Simulation eingesetzt, damit die in der Vorlaufzeit aufgebauten Verspätungen dem realen Wert entsprechen. In Abbildung 28 wird beispielsweise der Vergleich zwischen der sich aus den Simulationen ergebenden und den realen Verspätungen in einem realen Eisenbahnknoten und in einem Teilnetz des realen Stadtbahnnetzes dargestellt ([Martin et al. 2013a], [Martin et al. 2012]). Die realen und die in der Simulation mit zwei Stunden Vorlaufzeit aufgebauten Verspätungen im großen realen Eisenbahnknoten betragen jeweils 2 min 46 s und 2 min 5 s, im realen Stadtbahnnetz jeweils 46 s und 36 s. Die Differenz liegt im akzeptablen Bereich. Demzufolge kann zwei Stunden weiter als Standardwert für die Vorlaufzeit für die künftigen Leistungsuntersuchungen mit der simulativen Methode verwendet werden.

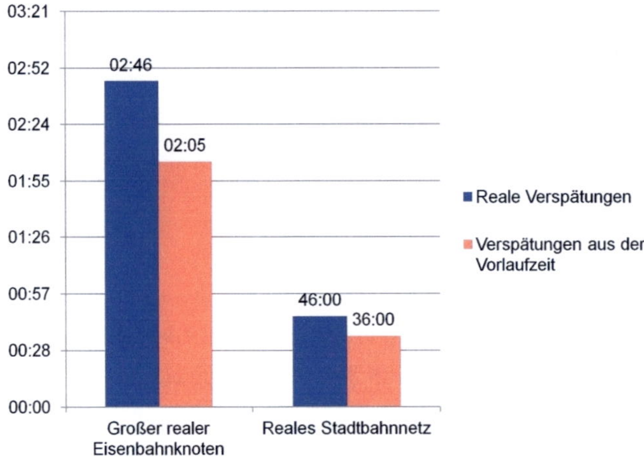

Abbildung 28: Vergleich der realen und der in der Simulation aufgebauten Verspätungen

An dieser Stelle werden die Wirkungen der Einflussfaktoren auf den Zuschlag für die Bestimmung der durchsatzbezogenen Leistungsfähigkeit vom Wartesystem M/D/1 diskutiert, welches als allgemeines Modell zur Modellierung des Eisenbahnbetriebes für die Leistungsuntersuchung genutzt (siehe Abschnitt 4.1.2) wird. Eine Verallgemeinerung der Wirkung der Einflussfaktoren für die weiteren Untersuchungen ist notwendig, falls andere Vorlaufzeiten und Auswertezeiträume[21] auf Grund von speziellen Aufgabenstellungen verwendet werden. In Abschnitt 5.3.4 wird eine allgemein gültige, experimentell bestimmte Modellfunktion zur Bestimmung des Zuschlags der durchsatzbezogenen Leistungsfähigkeit abgeleitet.

5.3.4   Modellfunktion für den Zuschlag

Die Wirkungen für die jeweiligen einzelnen Einflussfaktoren (Vorlaufzeit und durchschnittliche Bedienungszeit) unter bestimmten Randbedingungen werden in (5-9) und (5-10) beschrieben. Jetzt sind die zwei Formeln zusammenzufassen. Der Parameter "a_V" in (5-10) kann durch (5-9) ersetzt werden. Dann gilt:

$$\text{Differenz} = (a_M \cdot E(B)^{c_M})^{\text{Vorlaufzeit}^{b_M}} \qquad\qquad (5\text{-}11)$$

Um die Anpassungsfähigkeit dieser Modellfunktion zu testen, werden außer den bereits beschriebenen Versuchen mehrere neue Versuche durchgeführt: Verschiedene durchschnittliche Bedienungszeiten mit festgelegter Vorlaufzeit (= 4 Stunden) und Auswertezeitraum (= 2 Stunden); Verschiedene Vorlaufzeiten mit festgelegter durchschnittlicher Bedienungszeit (= 100 und 300 Sekunden) und Auswertezeitraum (= 2 Stunden). Mithilfe der Optimierungstoolbox von Matlab [MathWorks 2013] werden die passenden Parameter a_M= 0,034, b_M= 0,44, c_M = 0,36 bestimmt, damit die Summe der quadratischen Abweichung zwischen den Datenpunkten und der Funktion minimiert wird (siehe Abbildung 29). Das zugehörige Bestimmtheitsmaß[22] beträgt 0,9763, welches auf eine gute Anpassungsfähigkeit hinweist.

---

[21] In vielen praktischen Anwendungen werden zwei Stunden als Auswertezeitraum eingesetzt, weil die maßgebenden Hauptverkehrszeiten oftmals zwei Stunden dauern (7:00 bis 9:00 bzw. 16:00 bis 18:00).

[22] Das Bestimmtheitsmaß R^2 ergibt sich bei der multiplen Regression wiederum als das Verhältnis zwischen der erklärten und der Gesamtstreuung. [Jann 2005]

Die durchsatzbezogene Leistungsfähigkeit

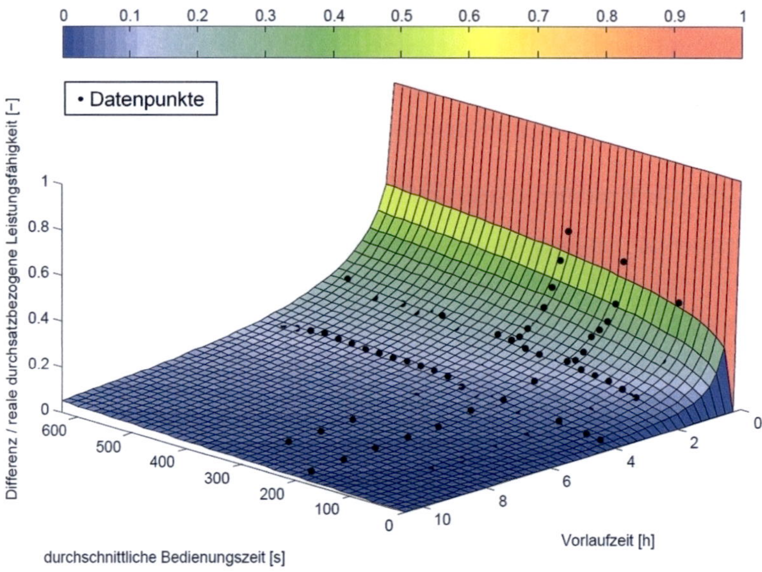

Abbildung 29:   Modellfunktion für den Zuschlag zur durchsatzbezogenen Leistungsfähigkeit

Falls die Dauer des Auswertezeitraums bei den weiteren Untersuchungen verdoppelt werden soll, kann das Modell dementsprechend transformiert werden. Soll beispielsweise ein Auswertezeitraum von vier, statt der bisherigen zwei Stunden untersucht werden, kann eine halbe Sekunde im bisherigen Modell als eine Sekunde fürs neue Modell betrachtet werden. Demzufolge sind die Vorlaufzeit und die durchschnittliche Bedienungszeit bei der Anwendung der Modellfunktion zu halbieren. Für den anderen Auswertezeitraum ist allgemein ein entsprechender Koeffizient (= 2 / Auswertezeitraum) vorzusehen. Außerdem kann die durchschnittliche Bedienungszeit (= Zeiteinheit / reale durchsatzbezogene Leistungsfähigkeit) näherungsweise durch Zeiteinheit / ermittelten Abweichungspunkt (zwischen Eingangs- und Ausgangsbelastung) abgestimmt werden. Somit kann die reale durchsatzbezogene Leistungsfähigkeit (M_r) mit der Vorlaufzeit (v) und der ermittelten Abweichungspunkt (zwischen Eingangs- und Ausgangsbelastung) (M_e) wie folgt berechnet werden:

$$M_r = \frac{M_e}{1 - \left(a_M \cdot \left(\frac{3600}{M_e} \right)^{c_M} \right)^{v^{b_M}}} \qquad (5\text{-}12)$$

wobei

- M_r reale durchsatzbezogene Leistungsfähigkeit,
- M_e ermittelter Abweichungspunkt zwischen Eingangs- und Ausgangsbelastung
- v Vorlaufzeit der Simulation
- a_M, b_M, c_M die Parameter der Modellfunktion bezeichnen.

Abbildung 30 zeigt das Beispiel 1 aus dem Anhang I. Die Simulation besitzt zwei Stunden Vorlaufzeit. Der Auswertezeitraum beträgt ebenfalls zwei Stunden. Mit dem in Abschnitt 5.2 entworfenen Verfahren kann der Abweichungspunkt zwischen Eingangs- und Ausgangsbelastung (21,6 [Z/h]) ermittelt werden. Dann werden M_e = 21,6 [Z/h], v = 2 [h], a_M = 0,034, b_M = 0,44, c_M = 0,36 in Form (5-12) eingesetzt, so dass gilt:

$$M_r = \frac{21,6}{1 - \left(0,034 \cdot \left(\frac{3600}{21,6}\right)^{0,36}\right)^{2^{0,44}}} = 24,6 [Z/h] \tag{5-13}$$

Die so korrigierte reale durchsatzbezogene Leistungsfähigkeit beträgt also 24,6 [Z/h].

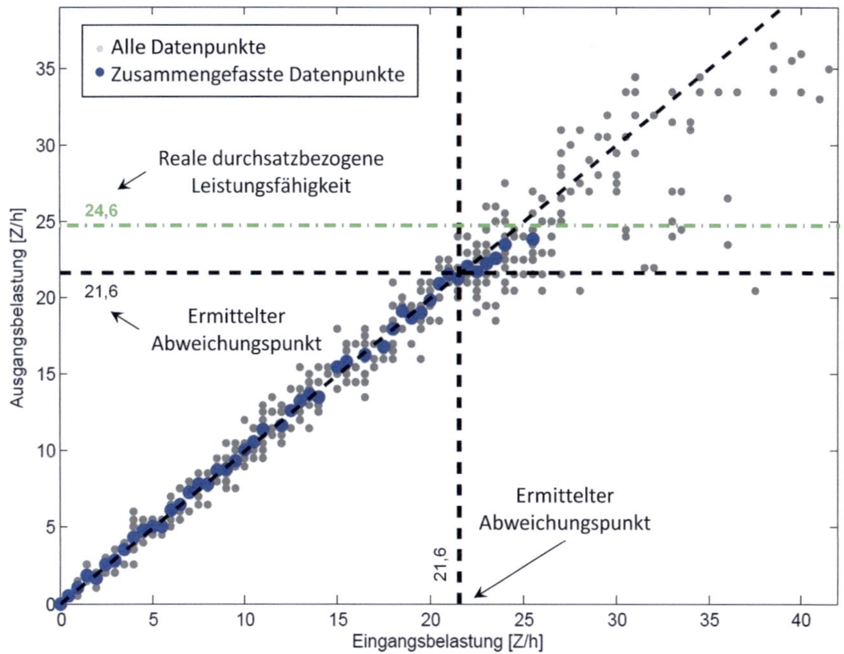

Abbildung 30:   **Durchsatzbezogene Leistungsfähigkeit eines realen Stadtbahnnetzes**

5.4 Schlussfolgerung

Das in diesem Kapitel vorgestellte Verfahren zur Bestimmung der durchsatzbezogenen Leistungsfähigkeit liefert bei praktischen Anwendungen plausible Ergebnisse.
Sowohl die Genauigkeit als auch der Aufwand des Verfahrens sind akzeptabel und je
nach Anwendungsbedarf anpassbar. Die Wirkungen der transienten Phase wurden
untersucht und eine passende Modellfunktion entworfen, mit der der vom Verfahren
ermittelte Abweichungspunkt zwischen Eingangs- und Ausgangsbelastung zur realen
durchsatzbezogenen Leistungsfähigkeit umgerechnet werden kann. Die Wartezeitfunktion, die mit der so ermittelten durchsatzbezogenen Leistungsfähigkeit bestimmt
wird, ist gegenüber den bisher angewendeten Verfahren aussagekräftiger.

6 Modellierung der Wartezeitfunktion

Ausgehend von der Theorie von [Hertel 1992] lässt sich der optimale Leistungsbereich unmittelbar aus der Wartezeitfunktion ableiten. Deshalb beeinflusst diese die Leistungsuntersuchung maßgeblich. Um ein plausibles Untersuchungsergebnis zu erhalten, muss die Wartezeitfunktion hinreichend genau ermittelt werden. Dieses Kapitel geht näher auf die Weiterentwicklung der Modellfunktion für die Wartezeitfunktion in der simulativen Methode ein, die die Anpassungsfähigkeit der Modellfunktion bei der Abbildung des realen Betriebs vergrößern soll.

6.1 Vorhandene Modellfunktion

Dieser Abschnitt erläutert die bereits vorhandene Modellfunktion der Wartezeitfunktion. Um festzustellen wie groß der Bedarf für eine Weiterentwicklung der Modellfunktion tatsächlich ist, werden Analysen des mathematischen Hintergrunds sowie der Herleitung der Modellfunktion durchgeführt.

6.1.1 Mathematischer Hintergrund

Die Arbeiten von [Hertel 1992] und [Ludwig 1990] waren zu Beginn der 1990er Jahre die ersten, die die Wartezeitfunktion in Leistungsuntersuchungen auf zweigleisigen Eisenbahnstrecken verwendeten. Dabei definierten sie die Infrastruktur als Bedienungssystem (Wartesystem) und die Züge wurden als Anforderungen im Bediensystem betrachtet. Die Arbeit von [Ludwig 1990] setzt eine Wartezeitfunktion des Wartesystems M/M/1 in stationärer Phase voraus. Damit ergibt sich die Modellfunktion als:

$$E(W) = EW_t = \frac{1}{\mu} \cdot \frac{\lambda}{\mu - \lambda} = \frac{1}{\mu} \cdot \frac{\eta}{1 - \eta} \qquad (\,6\text{-}1\,)$$

wobei:

- $E(W) = EW_t$ den Erwartungswert der Wartezeit,
- $1/\mu$ die durchschnittliche Bedienungszeit,
- $1/\lambda$ den durchschnittlichen Ankunftsabstand der Anforderungen,
- $\eta = \lambda/\mu$ den Auslastungsgrad

bezeichnet.

Modellierung der Wartezeitfunktion

Auch das in Abschnitt 4.1.2 erläuterte Wartesystem $M/D/1$ o.ä. sind je nach Aufgabenstellung der Untersuchung anwendbar. Für solche Modellansätze kann die Allen-Cunnen Approximationsformel aus [Allen 1978] für Wartesysteme $G/G/1$ zur Ermittlung einer allgemeinen Modellfunktion für einkanalige Wartesysteme angewandt werden.

$$EW_t \approx \frac{1}{\mu} \cdot \frac{\eta}{1-\eta} \cdot \frac{c_A^2 + c_B^2}{2}$$
(6-2)

wobei

- EW_t den Erwartungswert der Wartezeit,
- $1/\mu$ die durchschnittliche Bedienungszeit,
- $1/\lambda$ den durchschnittlichen Ankunftsabstand der Anforderungen,
- $\eta = \lambda/\mu$ den Auslastungsgrad
- $c_A{}^2$ sowie $c_B{}^2$ den Variationskoeffizient des Ankunfts- und Bedienprozesses

bezeichnet.

6.1.2 Modellfunktion mit zwei Parametern

Die Modellfunktion der Wartezeitfunktion für die Leistungsuntersuchung kam zum ersten Mal in [Ludwig 1990] zur Anwendung:

$$EW_t = a \cdot \frac{\eta}{(1-\eta)^b}$$
(6-3)

wobei

- η den Auslastungsgrad und
- a, b die anzupassenden Parameter

bezeichnen.

Sind die zu untersuchende Infrastruktur sowie das Betriebsprogramm vorab bekannt, so definieren diese gleichzeitig auch die durchschnittliche Bedienungszeit $1/\mu$ (Mindestzugfolgezeit) und die Variationskoeffizienten $c_A{}^2$ und $c_B{}^2$ der Ankunfts- und Bedienprozesse. Der Parameter a kann in der Modellfunktion den beiden Termen $1/\mu$ und $(c_A^2 + c_B^2)/2$ aus Formel (6-2) gleichgesetzt werden; mithilfe von Parameter b lässt sich die Modellfunktion an verschiedene Betriebsprogramme sowie Infrastrukturen anpassen.

6.1.3 Nachteile der vorhandenen Modellfunktion

[Ludwig 1990] fand den Wert für das Bestimmtheitsmaß der Modellfunktion der Wartezeitfunktion (6-3) in der Nähe von 1. Demnach scheint die Modellfunktion für die Untersuchungsfälle sehr gut geeignet zu sein. Große Eisenbahnknoten und Netzabschnitte wirken sich in Leistungsuntersuchungen oft wesentlich stärker aus als einzelne Streckenabschnitte, die zudem meist unter vertretbarem Aufwand analysierbar sind. Die Modellfunktion wird jedoch ohne Veränderungen weiterverwendet. Praktische Erfahrungen zeigen geringe, aber systematische Abweichungen zwischen den beobachteten Datenpunkten und der Modellfunktion (siehe Abbildung 31).

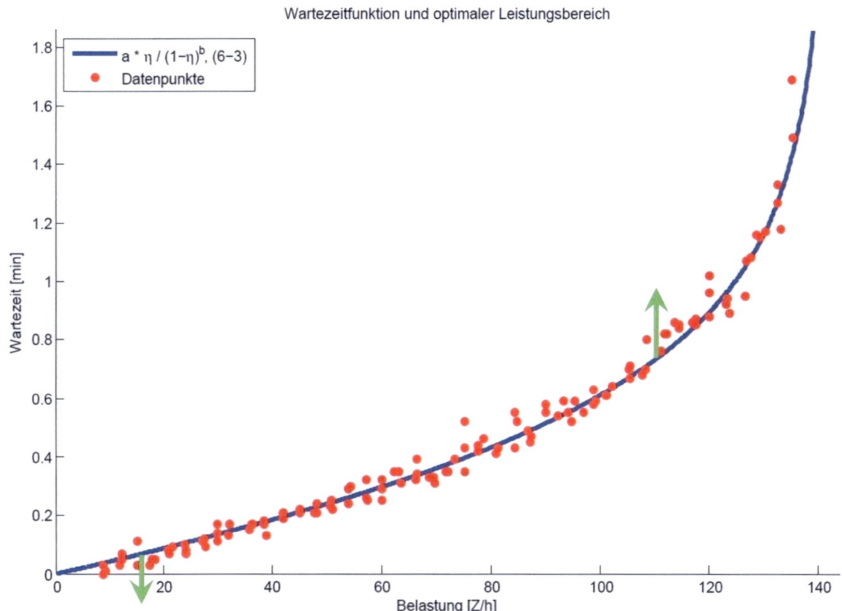

Abbildung 31:   systematische Abweichungen zwischen beobachteten Datenpunkten und Modellfunktion (reales Stadtbahnnetz [Martin et al. 2007])

Aus diesem Grund wird eine neue Modellfunktion gesucht, die sich an unterschiedliche Untersuchungsfälle (Infrastruktur und Betriebsprogramm) besser anpassen lässt. Diese neue Modellfunktion soll einen aussagekräftigeren optimalen Leistungsbereich liefern.

6.2 Neue Modellfunktion

Dieser Abschnitt untersucht die Modellfunktionen der Wartezeitfunktion unter verschiedenen Aspekten. Zunächst wird ein Vergleich der betrachteten zugehörigen Bestimmtheitsmaße durchgeführt. Als Grundlage dienen die Simulationsergebnisse aus Abschnitt 5.3.3, die aus dem einfachen Modell (Wartesystem $M/D/1$) gewonnen wurden. Bedingung für die Durchführung einer Untersuchung einer Modellfunktion anhand praxisrelevanter Daten ist ein höheres Bestimmtheitsmaß zu den Daten als das Bestimmtheitsmaß der bisher verwendeten Modellfunktion. Schließlich wird diejenige Modellfunktion mit dem höchsten Bestimmtheitsmaß gefunden und es wird empfohlen, diese als neue Modellfunktion für weitere Untersuchungen zu verwenden.

6.2.1 Modellfunktionen direkt mit elementaren Funktionen

Mithilfe der Taylor Entwicklung ist es möglich jede unendlich oft differenzierbare Funktion zu beschreiben. Die Modellfunktion kann ebenfalls mit Polynomen angenähert werden, vorausgesetzt die Modellfunktion der Wartezeitfunktion (unter der durchsatzbezogenen Leistungsfähigkeit) kann unendlich oft differenziert werden. Um zu ermitteln, ob das Bestimmtheitsmaß höher ist als die vorhandene Modellfunktion, werden Polynome zweiten und dritten Grades als Modellfunktion genutzt.

$$EW_t = a_1 \cdot x^2 + b_1 \cdot x + c_1 \qquad (6\text{-}4)$$

$$EW_t = a_2 \cdot x^3 + b_2 \cdot x^2 + c_2 \cdot x + d_2 \qquad (6\text{-}5)$$

wobei x die Belastung bezeichnet. Um die Menge der Datenpunkte anzunähern, ist ein Polynom mit niedrigem Grad ausreichend, weshalb man auf Polynome höheren Grades verzichten kann.

Alle Parameter, die in den Modellfunktionen (6-4) und (6-5) bestimmt werden müssen (a_1, b_1, c_1, a_2, b_2, c_2 und d_2), sind von linearem Charakter. Um diese Parameter zu ermitteln, ist die Methode der kleinsten Quadrate (siehe Abschnitt 6.2.3) gut geeignet. Zur Steigerung der Robustheit der Anpassung der Modellfunktion wird das robuste Regressionsverfahren mit Gewichtsfunktion „bisquare" angewandt (siehe Abschnitt 6.2.3). Aus einer Simulation des einfachen Modells (Wartesystem $M/D/1$) aus Abschnitt 5.3.3 mit 200s Bedienungszeit und 7200s (zwei Stunden) Vorlaufzeit werden die Datenpunkte gewonnen. Abbildung 32 zeigt die angepassten Modellfunktionen. Die systematische Abweichung, die bei hoher Belastung zwischen den beiden Modellfunktionen (6-4) und (6-5) und den Datenpunkten auftritt, ist intuitiv leicht zu erkennen. Das Bestimmtheitsmaß der beiden Modellfunktionen liegt bei 0,9843 für das Polynom zweiten Grades und bei 0,9964 für das Polynom dritten Grades. Das Bestimmtheitsmaß der bisherigen Modellfunktion (6-3) liegt mit 0,9961 zwischen diesen Werten.

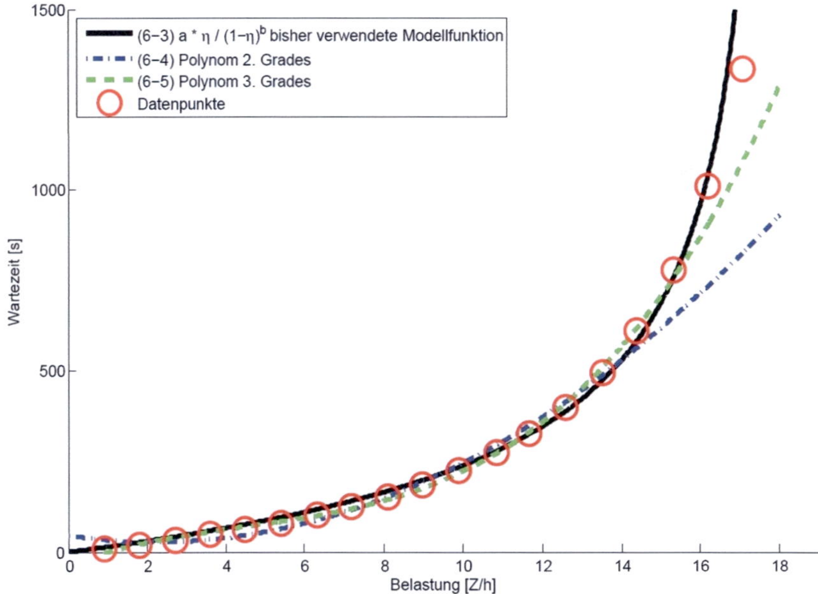

Abbildung 32:   Polynom als Modellfunktion (Quelle: [Martin & Chu 2012])

Zwar wird mit dem Polynom dritten Grades ein besserer Wert für das Bestimmtheitsmaß als mit der bisherigen Modellfunktion (6-3) erzielt, es ist jedoch nicht ohne weiteres möglich zu beweisen, dass das Polynom dritten Grades als Modellfunktion zu den Datenpunkten und zur funktionalen Beschreibung des Zusammenhangs der einzelnen Datenpunkte besser geeignet wäre. Ursache dafür ist die hohe Anzahl an Freiheitsgraden des Polynoms dritten Grades (a_2, b_2, c_2 und d_2) im Vergleich zur bisher verwendeten Modellfunktion (6-3) (a und b). Zur Lösung des

Problems nutzt man deshalb das korrigierte Bestimmtheitsmaß[23], um die beiden Modellfunktionen zu vergleichen (siehe Tabelle 2).

Modellfunktion		Bestimmtheitsmaß	Korrigiertes Bestimmtheitsmaß
$EW_t = a \cdot \dfrac{\eta}{(1-\eta)^b}$	(6-3)	0,9961	0,9959
$EW_t = a_1 \cdot x^2 + b_1 \cdot x + c_1$	(6-4)	0,9843	0,9823
$EW_t = a_2 \cdot x^3 + b_2 \cdot x^2 + c_2 \cdot x + d_2$	(6-5)	0,9964	0,9957

Tabelle 2: **Vergleich des Bestimmtheitsmaßes (Polynome als Modellfunktion (6-4) und (6-5) mit der bisher verwendeten Modellfunktion (6-3))**

Ein Vergleich der korrigierten Bestimmtheitsmaße zeigt jedoch, dass dieses bei der bisher verwendeten Modellfunktion (6-3) einen höheren Wert besitzt, als bei den Polynomen (6-4) und (6-5). Dies macht die Modellfunktion (6-3) im Vergleich aussagekräftiger.

Eine weitere geeignete elementare Funktion ist die Exponentialfunktion. Entsprechend ihren Eigenschaften beginnt die Funktion, bei einem Definitionsintervall von [0, 1], bei eins. Da die Wartezeit im Eisenbahnbetrieb mit null Zügen jedoch offensichtlich bei null liegt, wird zur Modifikation des Anfangspunkts ein zusätzlicher Term hinzugefügt. Dies kann auf zwei Arten geschehen:

$$EW_t = a_3 \cdot e^{b_3 \cdot \eta} \cdot \eta^{c_3} \qquad\qquad (6\text{-}6)$$

$$EW_t = a_4 \cdot (e^{b_4 \cdot \eta} - 1) \qquad\qquad (6\text{-}7)$$

wobei

- η den Auslastungsgrad und
- a_3, a_4, b_3, b_4, c_3 die anzupassenden Parameter

bezeichnen. Die Modellfunktionen (6-6) und (6-7) werden ebenfalls mithilfe der Methode der kleinsten Quadrate und des robusten Regressionsverfahrens mit der „bisquare"-Gewichtsfunktion angepasst. Abbildung 33 zeigt die Ergebnisse der Ap-

---

[23] Das korrigierte Bestimmtheitsmaß sieht eine Korrektur des Bestimmtheitsmaßes für die Anzahl Parameter des Modells vor. Es ergibt sich zu $\bar{R}^2 = 1 - (1 - R^2) \cdot \dfrac{n-1}{n-p-1}$, wobei R^2 das Bestimmtheitsmaß, n die Anzahl der Datenpunkte und p der Freiheitsgrad der Modellfunktion bezeichnet [Jann 2005].

proximation. Die Abweichung zwischen den als Modellfunktion verwendeten Exponentialfunktionen (6-6) und (6-7) ist bei niedrigen Belastungen geringer als die der bisher verwendeten Modellfunktion (6-3), bei hohen Belastungen ist die bisherige Modellfunktion (6-3) jedoch immer noch besser geeignet.

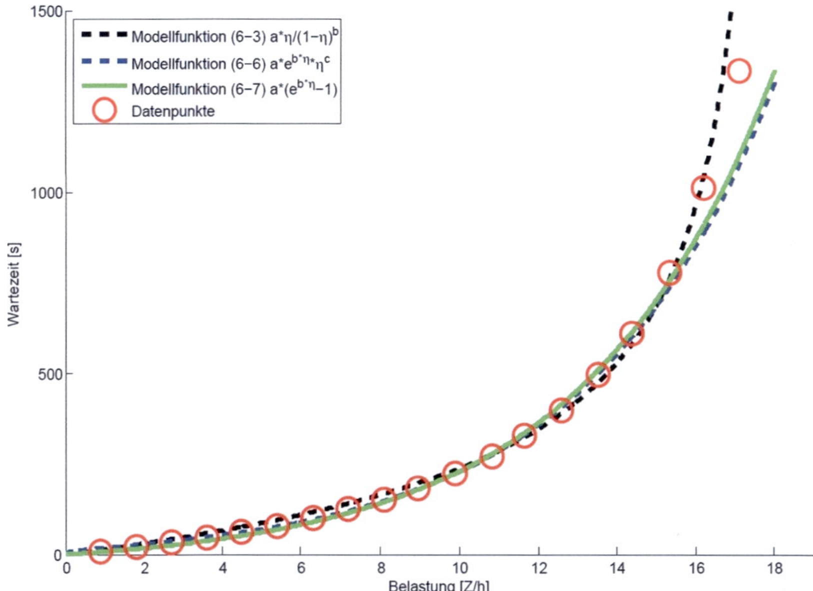

Abbildung 33: Exponentialfunktionen als Modellfunktion (Quelle: [Martin & Chu 2012])

Modellfunktion		Bestimmtheitsmaß	Korrigiertes Bestimmtheitsmaß
$EW_t = a \cdot \dfrac{\eta}{(1 - \eta)^b}$	(6-3)	0,9961	0,9959
$EW_t = a_3 \cdot e^{b_3 \cdot \eta} \cdot \eta^{c_3}$	(6-6)	0,9989	0,9989
$EW_t = a_4 \cdot (e^{b_4 \cdot \eta} - 1)$	(6-7)	0,9981	0,9980

Tabelle 3: **Vergleich des Bestimmtheitsmaßes (Exponentialfunktionen als Modellfunktion (6-6) (6-7) mit der bisher verwendeten Modellfunktion (6-3))**

Tabelle 3 stellt den direkten Vergleich der Bestimmtheitsmaße der bisher verwendeten Modellfunktion (6-3) und der Exponentialfunktion (6-6) bzw. (6-7) dar. Die beiden auf dem Exponentialfunktionsansatz basierenden Modellfunktionen weisen eine bessere Anpassungsfähigkeit auf als die bisher verwendete Modellfunktion (6-3). In Abschnitt 6.2.4 wird der Vergleich der Anpassungsfähigkeiten an die Datenpunkte durch weiteren Untersuchungsfälle ergänzt.

6.2.2 Modellfunktion mit drei Parametern

Hertel hat bereits in [Hertel 1992] nachgewiesen, dass die Modellfunktion (6-3), die mithilfe der Modellierung des Eisenbahnsystems als Wartesystem konstruiert wurde, für die Beschreibung der Wartezeitfunktion in der stationären Phase gut geeignet ist. Um nun die Wirkungen der transienten Phase zu berücksichtigen, könnten theoretisch noch beliebig viele weitere Funktionen (z.B. trigonometrische Funktionen usw.) als Modellfunktion für die Wartezeitfunktion getestet werden. Aber es zeigte sich bei vom grundsätzlichen Kurvenverlauf her passenden Funktionen (6-4), (6-5), (6-6) und (6-7), dass die Anpassungsfähigkeit an die aus den Simulationen erzeugten Datenpunkte schlechter ist. Deshalb ist es sinnvoll, eine neue Funktion zu entwerfen, die auf der in der stationären Phase bewährten Modellfunktion (6-3) basiert, und diese zielgerichtet weiterentwickelt, so dass eine Anwendung auch in der transienten Phase möglich ist. Der folgende Abschnitt beschreibt deshalb zwei neue Modellfunktionen, die den Ansatz von [Hertel 1992] verallgemeinern.

In Formel (6-1) wurde die Wartezeitfunktion in der stationären Phase des Wartesystems $M/M/1$ bereits gezeigt. Die bisher verwendete Modellfunktion (6-3) von [Ludwig 1990], die auf dieser Wartezeitfunktion aufbaut, weist aber vor allem bei niedrigen und hohen Belastungen systematische Abweichungen zu den Datenpunkten auf (siehe Abbildung 31 und Abbildung 32). Deswegen wird zur Erhöhung der Flexibilität der Modellfunktion nach Möglichkeit ein weiterer Parameter c in die Modellfunktion eingesetzt. Der Zähler η kann hier durch den dritten Parameter direkt beeinflusst werden (Die Modellfunktion (6-8) wurde aus den Erkenntnissen in [Martin & Chu 2012] entwickelt und dort erstmals verwendet):

$$EW_t = a_5 \cdot \frac{\eta^{c_5}}{(1 - \eta)^{b_5}} \qquad (\text{6-8})$$

wobei

- η den Auslastungsgrad und
- a_5, b_5 die anzupassenden Parameter

bezeichnet.

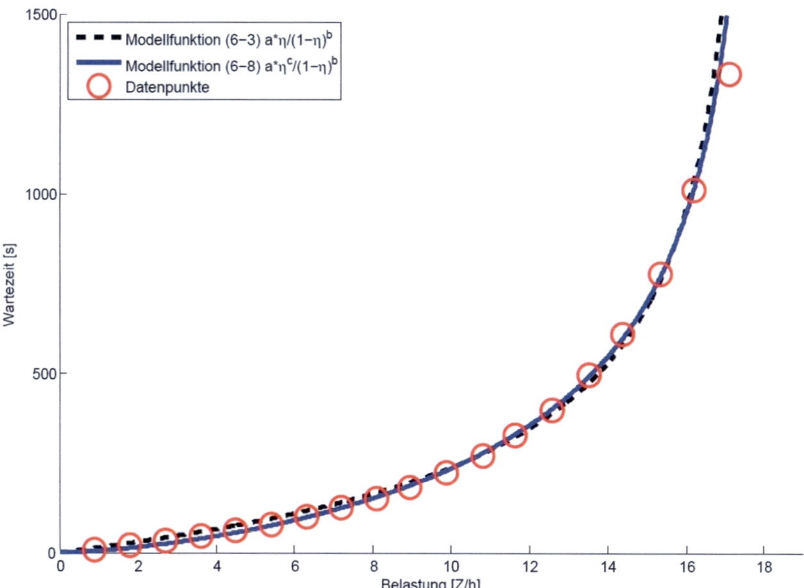

Abbildung 34:   Modellfunktion mit drei Parametern (Quelle: [Martin & Chu 2012])

Auch die Modellfunktion (6-8) wird wieder durch die bekannte Methode der kleinsten Quadrate und das robuste Regressionsverfahren mit „bisquare" Gewichtsfunktion angepasst. Das Ergebnis (siehe Abbildung 34) zeigt, dass sich die neue Modellfunktion (6-8) mit drei Parametern besser mit den Datenpunkten deckt als die bisher verwendeten Modellfunktionen mit nur zwei Parametern. Eine systematische Abweichung zwischen der Funktion (6-8) und den Datenpunkten tritt nur noch bei hohen Belastungen auf. Da die neue Modellfunktion (6-8) im Vergleich zur bisher verwendeten Modellfunktion einen um eins erhöhten Freiheitsgrad aufweist, muss wieder das korrigierte Bestimmtheitsmaß analysiert werden.

Modellfunktion		Bestimmtheits-maß	Korrigiertes Be-stimmtheitsmaß
$EW_t = a \cdot \dfrac{\eta}{(1-\eta)^b}$	(6-3)	0,9961	0,9959
$EW_t = a_5 \cdot \dfrac{\eta^{c_5}}{(1-\eta)^{b_5}}$	(6-8)	0,9992	0,9991

Tabelle 4: **Vergleich des Bestimmtheitsmaßes der Modellfunktionen mit zwei und drei Parametern**

Tabelle 4 zeigt eine im Vergleich zur Modellfunktion (6-3) eindeutig bessere Eignung der neuen Modellfunktion (6-8) mit drei Parametern. Die Analyse der Anpassungsfähigkeit der neuen Modellfunktion (6-8) wird in Abschnitt 6.2.4 durch weitere Daten ergänzt.

Eine weitere Möglichkeit besteht darin, dass ein zusätzlicher Term mit der vorhandener Modellfunktion multipliziert wird, in dem der dritte Parameter c enthalten ist. Um diesen zusätzlichen Term zu konstruieren, sind die Wirkungen der transienten Phase zu berücksichtigen.

In [Takács 1962] wird die durchschnittliche Anzahl der Anforderungen im Wartesystem M/M/1 abgeleitet (siehe (5-4)). Der Term für die Wirkungen der transienten Phase wird mit einem Integral dargestellt:

$$\frac{2}{\pi} \cdot \rho^{\frac{1-i}{2}} \cdot \int_0^\pi \frac{e^{-\mu t \gamma(y)}}{\gamma(y)^2} \cdot a_i(y) \cdot \sin(y)\, dy \qquad\qquad (6\text{-}9)$$

wobei

$$\gamma(y) = 1 + \rho - 2\sqrt{\rho} \cdot \cos(y),$$

$$a_k(y) = \sin(k \cdot y) - \sqrt{\rho} \cdot \sin\big((k+1) \cdot y\big) \text{ und}$$

i die Anzahl der Anforderungen beim Start des Wartesystems bezeichnet. Die durchschnittliche Wartezeit kann direkt aus der durchschnittlichen Anzahl der Anforderungen errechnet werden, indem diese mit der durchschnittlichen Bedienungszeit multipliziert wird. Wird (6-9) direkt als der zusätzliche Term in der Modellfunktion hinzugefügt, verringert sich die Wahrscheinlichkeit, dass die Approximationsmethode konvergiert. Außerdem geht die bei Ingenieuranwendungen nicht unwichtige Übersichtlichkeit der Modellfunktion unter Verwendung von (6-9) verloren. Deswegen ist eine handhabbare Funktion, die aus elementaren Funktionen besteht und (6-9) näherungsweise repräsentieren kann, zu finden. Da der zusätzliche Term in der Produktform statt Summenform in der Modellfunktion hinzugefügt werden soll, ist das Verhältnis der durchschnittlichen Anzahl der Anforderungen zwischen der transienten Phase $(El(i,t))$ und der stationären Phase (El) zu untersuchen. Aus Abbildung 35 wird deutlich, dass die durchschnittliche Anzahl der Anforderungen in der transienten und der stationären Phase bei niedrigem Auslastungsgrad übereinstimmt. Je höher der Auslastungsgrad, desto kleiner ist der Quotient. Um diesen Effekt durch eine Funktion zu beschreiben, wird zuerst die Formel der durchschnittlichen Anzahl der Anforderungen in der stationären Phase betrachtet

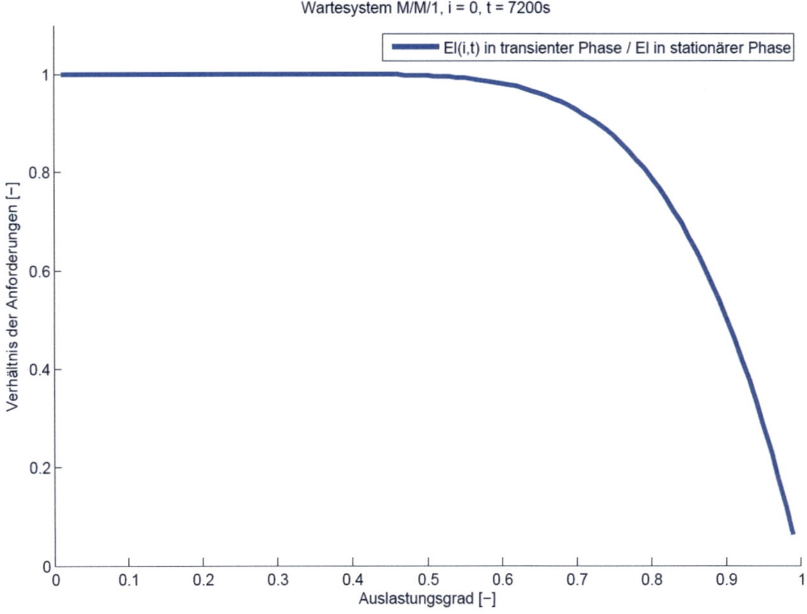

Abbildung 35: **Verhältnis der durchschnittlichen Anzahl der Anforderungen zwischen transienter Phase und stationärer Phase**

Modellierung der Wartezeitfunktion

In der stationären Phase des Wartesystems M/M/1 kann die durchschnittliche Anzahl der Anforderungen (El) im System abgeleitet werden (siehe [Tran-Gia 2005]):

$$El = \sum_{n=0}^{\infty} n \cdot (1 - \rho) \cdot \rho^n = \frac{\rho}{1 - \rho} \qquad (6\text{-}10)$$

wobei n die mögliche Anzahl der Anforderungen im Wartesystem bezeichnet. Wenn n statt unendlich nur endlich (bis N) betrachtet wird, entspricht das einer Näherung der transienten Phase. Dann gilt:

$$\widetilde{El} = \sum_{n=0}^{N} n \cdot (1 - \rho) \cdot \rho^n \approx \frac{\rho}{1 - \rho} \cdot (1 - \rho^N) \qquad (6\text{-}11)$$

Der zweite Term $(1 - \rho^N)$ ist gleich 1, wenn $\rho = 0$ und gleich 0, wenn $\rho = 1$ ist, was dem Verhältnis der durchschnittlichen Anzahl der Anforderungen zwischen transienter Phase und stationärer Phase entspricht. Falls N durch Parameter c ersetzt wird, dient $(1 - \rho^c)$ als zusätzlicher Term in der Modellfunktion, durch den die Wirkungen der transienten Phase repräsentiert werden können (siehe Abbildung 36):

$$EW_t = a_6 \cdot \frac{\eta \cdot (1 - \eta^{c_6})}{(1 - \eta)^{b_6}} \qquad (6\text{-}12)$$

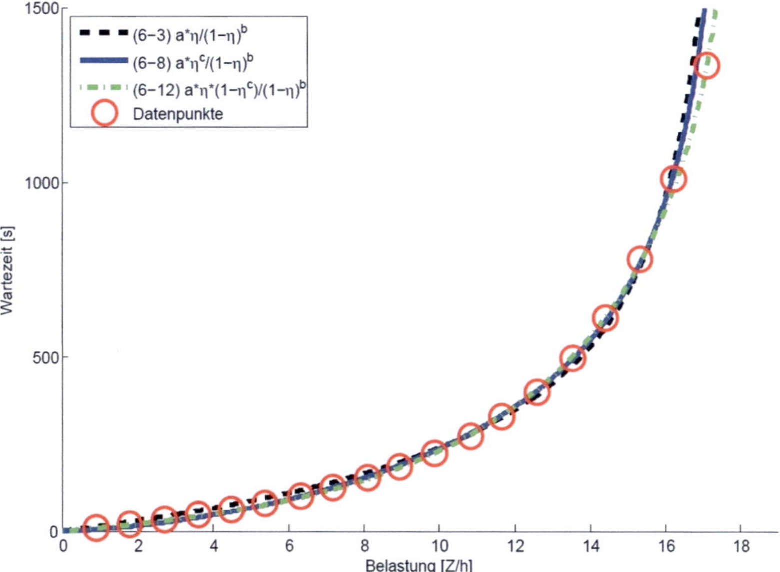

Abbildung 36:   Modellfunktionen mit drei Parametern

Zur Anpassung der Modellfunktion (6-8) und (6-12) werden ebenfalls die Methode der kleinsten Quadrate und das robuste Regressionsverfahren mit „bisquare"- Gewichtsfunktion verwendet. Aus dem Approximationsergebnis (siehe Abbildung 36) wird deutlich, dass die Modellfunktionen mit drei Parametern besser als die Modellfunktion mit zwei Parametern zu den Datenpunkten passen. Die systematischen Abweichungen zwischen der Modellfunktion mit drei Parametern (6-8) und den Datenpunkten treten bei hohen Belastungen auf. Bei der Modellfunktion (6-12) wird kaum eine Abweichung zwischen Modellfunktion und Datenpunkten gefunden. Da diese beiden neuen Modellfunktionen einen Freiheitsgrad mehr besitzen als die Modellfunktion (6-3), ist das korrigierte Bestimmtheitsmaß zu untersuchen.

Modellfunktion		Bestimmtheits- maß	Korrigiertes Be- stimmtheitsmaß
$EW_t = a \cdot \dfrac{\eta}{(1-\eta)^b}$	(6-3)	0,9961	0,9959
$EW_t = a_5 \cdot \dfrac{\eta^{c_5}}{(1-\eta)^{b_5}}$	(6-8)	0,9992	0,9991
$EW_t = a_6 \cdot \dfrac{\eta \cdot (1-\eta^{c_6})}{(1-\eta)^{b_6}}$	(6-12)	0,9998	0,9998

Tabelle 5: **Vergleich des Bestimmtheitsmaßes der Modellfunktionen mit zwei und drei Parametern**

In Tabelle 4 ist leicht zu erkennen, dass die Modellfunktionen mit drei Parametern deutlich besser geeignet sind, als die bisher verwendete Modellfunktion (6-3) mit zwei Parametern. Ihre Anpassungsfähigkeiten werden später in Abschnitt 6.2.4 mithilfe weiterer Daten analysiert.

6.2.3   Approximationsmethode

Vor dem Test der Bestimmtheitsmaße der neuen Modellfunktionen (6-6), (6-7), (6-8) und (6-12) mit weiteren Daten geht der vorliegende Abschnitt näher auf die einheitlich angewandte Approximationsmethode ein.

Zur Anpassung einer Modellfunktion wird im Allgemeinen die Methode der kleinsten Quadrate eingesetzt. In der Methode werden die Parameter $\alpha = (\alpha_1\, \alpha_2 \ldots \alpha_m)$ der Modellfunktion so bestimmt, dass die quadratischen Abweichungen zwischen den Daten (x_i, y_i) und der Modellfunktion $f(x_i, \alpha)$ minimiert werden:

$$\min_{\alpha} \sum_{i=1}^{n} (f(x_i, \alpha) - y_i)^2 = \min_{\alpha} \left\| \vec{f} - \vec{y} \right\|_2^2 \qquad (6\text{-}13)$$

wobei

- $\vec{f} = (f(x_1, \alpha), f(x_2, \alpha), \ldots, f(x_n, \alpha))$,
- $\vec{y} = (y_1, y_2, \ldots, y_n)$
- $\|*\|_2$ die euklidische Norm

bezeichnet. Wie die Parameter α berechnet werden, hängt von der Art der Modellfunktion (linear oder nichtlinear) ab. Im folgenden Abschnitt werden verschiedene Methoden zur Berechnung der Parameter α erläutert.

Kann die Modellfunktion in linearer Form bzgl. der Parameter dargestellt werden, so gilt:

$$f(x,\alpha) = \sum_{j=1}^{m} \alpha_j \cdot f_j(x) \qquad (\text{6-14})$$

wobei

- α_j die Parameter der Modellfunktion
- $f_j(x)$ die Teilfunktion bzgl. des Parameters α_j

bezeichnet, kann das Minimierungsproblem (6-13) durch eine Matrix und einen Vektor beschrieben werden:

$$\min_{\alpha} \|A \cdot \alpha - \vec{y}\|_2^2 \qquad (\text{6-15})$$

wobei

- A (Matrix) der lineare Darstellung von $f_j(x_i)$,
- α dem Vektor der Parameter,
- $\vec{y}$ dem Vektor der Beobachtungswerte

entspricht. In [Björck 1996] wird bewiesen, dass das folgende lineare Gleichungssystem

$$A^T \cdot A \cdot \alpha = A^T \cdot y \qquad (\text{6-16})$$

dieselbe Lösung des Minimierungsproblems wie (6-15) besitzt.

In manchen Aufgabenstellungen lässt sich die Modellfunktion nicht explizit linear darstellen (z.B. Modellfunktion (6-6), (6-7) usw.). Mit dem Logarithmus (vgl. [Schmidt 2009] bzw. [Chu & Schmidt 2007]) können geeignete nicht lineare Modellfunktionen in lineare Form gebracht werden. Im Normalfall handelt es sich hierbei um Potenz- bzw. Exponentialfunktionen, die aber nicht linear kombiniert sein dürfen. Ist die Modellfunktion (6-6)

$$EW_t = a_3 \cdot e^{b_3 \cdot \eta} \cdot \eta^{c_3}$$

zu linearisieren, wird der Logarithmus auf beiden Seiten der Gleichung angewendet:

$$\begin{aligned}
\log EW_t &= \log\left(a_3 \cdot e^{b_3 \cdot \eta} \cdot \eta^{c_3}\right) \\
&= \log a_3 + b_3 \cdot \eta + c_3 \cdot \log \eta \\
&= \widehat{a_3} + b_3 \cdot \eta + c_3 \cdot \log \eta
\end{aligned} \qquad (\,6\text{-}17\,)$$

Der lineare Parameter aus Modellfunktion (6-17) kann mithilfe von (6-16) errechnet werden. Der Parameter a_3 in (6-6) wird aus $e^{\widehat{a_3}}$ von (6-17) ermittelt.

Da jedoch nicht jede Modellfunktion in eine lineare Form gebracht werden kann (z.B. Modellfunktion (6-7) $EW_t = a_4 \cdot (e^{b_4 \cdot \eta} - 1)$), ist die Methode nach Formel (6-16) nicht anwendbar. Zur Lösung der nichtlinearen Modellfunktionen wird im Allgemeinen einer der beiden Algorithmen aus [Jarre & Stoer 2004], der Line-Search-Algorithmus oder der Trust-Region-Algorithmus, verwendet. Der Line-Search-Algorithmus funktioniert iterativ und stimmt sich bei jedem Schritt auf eine bestimmte Suchrichtung ab. Entlang dieser Suchrichtung wird nach einer besseren Lösung des Minimierungsproblems gesucht. Bei dieser Suchrichtung handelt es sich um eine Abstiegsrichtung, die sich aus der Lösung eines Teilproblems ergibt. Das ursprüngliche Optimierungsproblem wird durch dieses Teilproblem in der Nähe der Lösung des aktuellen Iterationsschritts gefunden. Dadurch wird solange eine bessere Lösung entlang der Suchrichtung gefunden, bis der stationäre Lösungspunkt gefunden ist. Im Gegensatz zum Line-Search-Algorithmus wird beim Trust-Region-Algorithmus nicht mehr versucht den Lösungspunkt iterativ entlang der Suchrichtung zu ermitteln, sondern er wird im Bereich des aktuellen Punktes innerhalb eines Iterationsschritts berechnet, indem ein Approximationsmodell des ursprünglichen Minimierungsproblems in einer „Trust-Region" gelöst wird. Die Lösung der Approximation jedes Iterationsschritts dient dabei als Ausgangspunkt für den nächsten Schritt. Die Trust-Region wird bei jedem Schritt ggf. passend geändert. Bei guter Eignung für das Minimierungsproblem wird die Trust-Region größer, sonst kleiner gemacht. Diese Arbeit geht vom Trust-Region-Algorithmus aus, da dieser allgemein robuster und effizienter ist als der Line-Search-Algorithmus. Zusätzlich werden zur Lösung eines lokalen Minimums im Trust-Region-Algorithmus Globalisierungsstrategien verwendet.

In [Conn et al. 2000] wurden die genauen Schritte des Algorithmus beschrieben. In der vorliegenden Arbeit kommt die Optimierungstoolbox der Software Matlab [Math-Works 2013] zum Einsatz, die häufig bei mathematischen Aufgabenstellungen angewandt wird. Für die Anpassung der Modellfunktion wird der Algorithmus auf „Trust-Region" gesetzt. Wegen der Zufälligkeit der Datenpunkte (Simulationsergebnisse) könnte eine unerwartete Form der Wartezeitfunktion (z.B. eine zu große Steigerung der Wartezeit an der null-Stelle oder die Senkung der Wartezeit auf null bei der durchsatzbezogenen Leistungsfähigkeit) bei Verwendung der Modellfunktionen auftreten. Deswegen wird eine Untergrenze für die Parameter c_5, b_6 und c_6 bei der Anpassung der Modellfunktionen (6-8) und (6-12) auf "1" festgelegt, damit solche unerwarteten Formen der Wartezeit vermieden werden können.

Die Wirkung von Ausreißern ist in dem hier verwendeten Simulationsmodell nicht vernachlässigbar. Da in den Simulationsdaten der zufälligen Fahrplanverdichtungen ebenfalls Ausreißer versteckt sein können, ist zur Reduktion ihrer Wirkung eine robuste Regression notwendig. Der robusten Regression liegt die Idee zu Grunde, die Gewichtung der Datenpunkte durch Iterationsschritte anzupassen. Datenpunkte, die stark von der Modellfunktion abweichen, erhalten in jedem Iterationsschritt eine niedrige Gewichtung. Zu diesem Zweck wird die bisquare-Gewichtsfunktion verwendet.

$$w_{bisquare} = (abs(r) < 1) * (1 - r^2)^2 \qquad (6\text{-}18)$$

Der Wert r in (6-18) ergibt sich aus folgender Formel:

$$r = \frac{Residuum}{4{,}685 \cdot \frac{MAD}{0{,}6745} \cdot \sqrt{1 - h}} \qquad (6\text{-}19)$$

wobei

- abs der absolute Wert,
- $Residuum$ die Abweichung zwischen dem Datenpunkt und der angepassten Funktion vom letzten Iterationsschritt,
- MAD den Medianwert der absoluten Abweichung der Residuen von ihren Median und
- h den Leverage-Wert der Anpassung

bezeichnet.

Für die Robust-Einstellung der Anpassungsoptionen sollte in der Optimierungsbox von Matlab [MathWorks 2013] „bisquare" eingestellt werden. Abbildung 37 vergleicht die Modellfunktionen (6-8) mit robuster Regression (blau) und ohne robuste Regression (grün) miteinander. Auffällig ist, dass, mit Ausnahme des letzten Datenpunktes (rechts), sich die blaue Kurve den anderen Datenpunkte besser annähert als die grüne Kurve. Während der Anpassung der Modellfunktion mit robuster Regression wird der letzte Datenpunkt als Ausreißer identifiziert, weshalb ihm eine niedrige Gewichtung zugeteilt wird. Mit einem Wert von 0,9991 ist das korrigierte Bestimmtheitsmaß der blauen Modellfunktion <u>mit</u> robuster Regression signifikant höher als der Wert der grünen Modellfunktion <u>ohne</u> robuste Regression, der bei 0,9979 liegt.

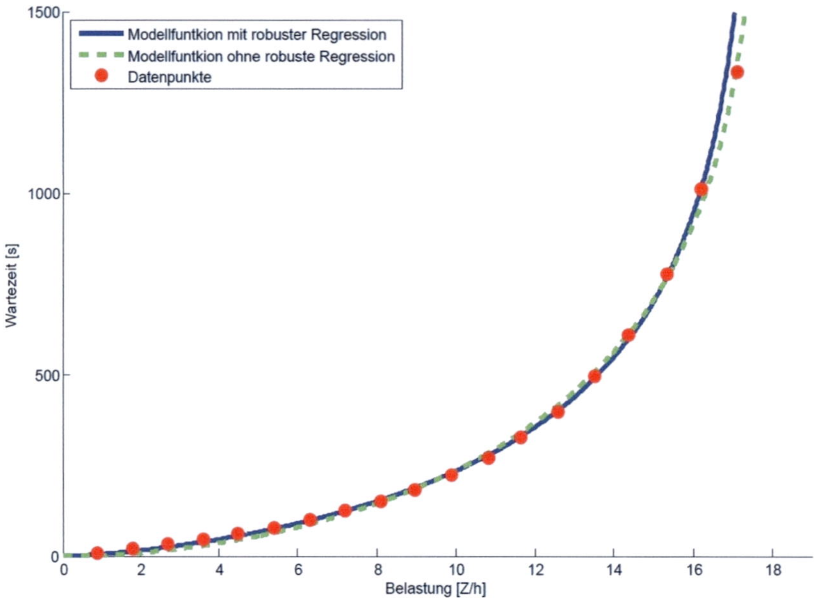

Abbildung 37:   Vergleich der Anpassbarkeit der Modellfunktion mit/ohne robuste(r) Regression an die Datenpunkte (Quelle: [Martin & Chu 2012])

Neben der Auswahl des Algorithmus zur Anpassung der Modellfunktion ist die Wahl der Datenpunkte bei der praktischen Anwendung von großer Bedeutung. Aufgrund der hohen Streuung der Datenpunkte in den beiden Bereichen und des starken Einflusses auf die Anpassung der Modellfunktion, den sie trotz robuster Regression ausüben, werden die Datenpunkte mit niedriger und hoher Belastung nicht in die Berechnung einbezogen. Der unmittelbar aus der angepassten Modellfunktion abgeleitete optimale Leistungsbereich liegt allerdings eher im mittleren bis rechten Bereich der Belastung. Deshalb verbessert sich die Aussagekraft des optimalen Leistungsbereichs im gleichen Maß wie die Anpassungsfähigkeit der Modellfunktion an die Datenpunkte im mittleren Bereich der Belastung im Sinne des Bestimmtheitsmaßes zunimmt.

Für die Approximation der Wartezeitfunktion sind die Datenpunkte der Belastung der ersten 5% sowie der letzten 5% im Hinblick auf die durchsatzbezogene Leistungsfähigkeit irrelevant. Dies hat einerseits mit dem optimalen Leistungsbereich, der unmittelbar durch den mittleren Teil der Wartezeitfunktion bestimmt wird, nicht viel zu tun. Andererseits vergrößern sich die Schwankungen der Datenpunkte (0%-5% und 95%-100% bezogen auf die durchsatzbezogene Leistungsfähigkeit) nach der Linearisierungsmethode im Vergleich zu den Datenpunkten im mittleren Teil der Wartezeitfunktion, wodurch die Approximation der Wartezeitfunktion beeinträchtigt werden kann. Die Ergebnisse der so ermittelten Datenpunkte werden in Abschnitt 6.2.4 in verschiedenen Szenarien beschrieben.

Obwohl die Datenpunkte niedriger Belastung (z.B. < 1 Zug/h oder sogar weniger als ein Zug im Simulationszeitraum) nicht in die Berechnung einbezogen werden müssen, kann nicht sofort davon ausgegangen werden, dass die entsprechenden Wartezeiten null sind. Es erscheint intuitiv logisch, dass ein System mit nur einem Zug keine Wartezeit besitzt. Bei niedriger Belastung ist jedoch nicht die absolute Zugzahl, sondern die durchschnittliche Zugzahl für die Wartezeitfunktion ausschlaggebend. Trotz einer durchschnittlichen Zugzahl im Simulationsraum, die kleiner als 1 ist, kann die tatsächliche Zugzahl in einer Fahrplanverdichtung bei mehr als 2 liegen, wodurch eine Wartezeit auftreten könnte. Aus diesem Grund ist es, auch bei einer niedrigen Belastung, statistisch nicht zulässig, die Wartezeit direkt als null anzugeben.

6.2.4 Vergleich der Anpassungsfähigkeit der Modellfunktionen an weitere Daten

Dieser Abschnitt widmet sich der Analyse der Bestimmtheitsmaße der Modellfunktionen (6-3), (6-6), (6-7) (6-8) und (6-12) in Bezug auf Daten, die unterschiedliche Arten der Infrastruktur (einfache punktförmige, einfache linienförmige, netzförmige Infrastruktur sowie große Eisenbahnknoten) und Betriebsprogramme darstellen. Es wird eine Empfehlung für die Modellfunktion, die im Vergleich zu den anderen ein signifikant höheres Bestimmtheitsmaß aufweist, als neue Modellfunktion für künftige Untersuchungen ausgesprochen.

Nachdem an dem einfachen Modell aus Abschnitt 5.3.3 kleinere Modifikationen vorgenommen wurden, kann es zur Untersuchung der folgenden Zweigstelle eingesetzt werden:

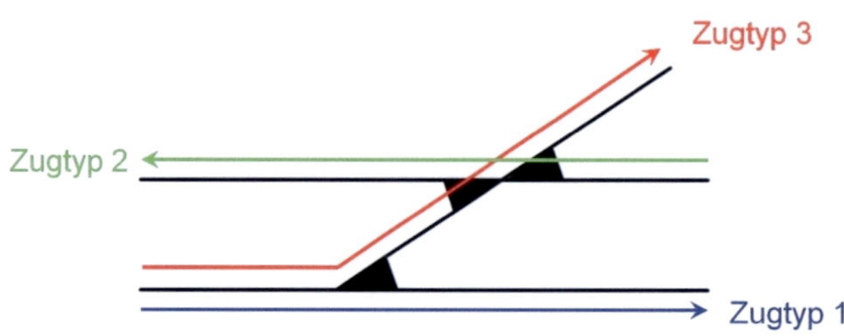

Abbildung 38: **Abzweigstelle mit drei Zugtypen (Quelle: [Martin & Chu 2012])**

Betriebsprogramm und Mindestzugfolgezeiten können der Tabelle 6 entnommen werden.

Zugtyp	Betriebsprogramm (Zugmix) [Z/h]	Mindestzugfolgezeit [s]
1	3	240
2	1	120
3	1	180

Tabelle 6: **Betriebsprogramm und Mindestzugfolgezeiten an der Abzweigstelle**

Um die statistische Sicherung der Simulationsergebnisse zu gewährleisten, werden analog zu Abschnitt 5.3.3 für jeden Auslastungsgrad 10.000 Wiederholungen ausgeführt.

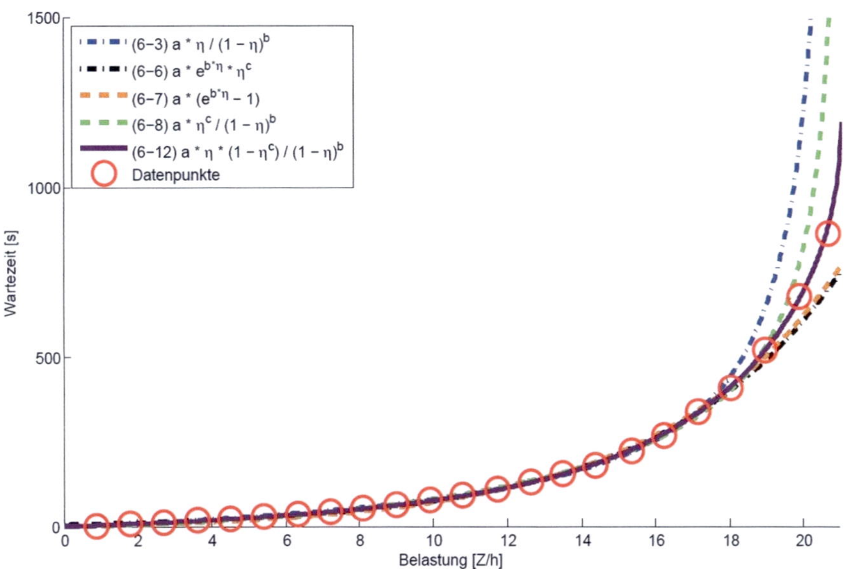

Abbildung 39: Anpassung der Modellfunktionen im Beispiel Abzweigstelle (Quelle: [Martin & Chu 2012])

Modellfunktion		Bestimmtheitsmaß	Korrigiertes Bestimmtheitsmaß
$EW_t = a \cdot \dfrac{\eta}{(1-\eta)^b}$	(6-3)	0,9979	0,9978
$EW_t = a_3 \cdot e^{b_3 \cdot \eta} \cdot \eta^{c_3}$	(6-6)	0,9987	0,9985
$EW_t = a_4 \cdot (e^{b_4 \cdot \eta} - 1)$	(6-7)	0,9986	0,9985
$EW_t = a_5 \cdot \dfrac{\eta^{c_5}}{(1-\eta)^{b_5}}$	(6-8)	0,9990	0,9989
$EW_t = a_6 \cdot \dfrac{\eta \cdot (1 - \eta^{c_6})}{(1-\eta)^{b_6}}$	**(6-12)**	**0,9998**	**0,9998**

Tabelle 7: Bestimmtheitsmaß verschiedener Modellfunktionen beim Beispiel Abzweigstelle

Aus Abbildung 39 und Tabelle 7 lässt sich ableiten, dass die Modellfunktion (6-12) am besten zu den Simulationsergebnissen (Datenpunkten) passt. Alle anderen Modellfunktionen besitzen nicht nur im Bereich hoher sondern auch im Bereich niedriger Auslastungsgrade höhere systematische Abweichungen.

Die folgenden Beispiele werden, statt mit dem einfachen Modell aus Abschnitt 5.3.3, mit dem Simulationswerkzeug RailSys (Programmversion 7.6.12) [RMCon 2010] analysiert. Ein kleiner Eisenbahnknoten (Beispiel 1), eine lange zweigleisige Eisenbahnstrecke (Beispiel 2) und ein Teilnetz eines Stadtbahnnetzes (Beispiel 3) aus [Schmidt 2009] ergeben jeweils eine punktförmige, linienförmige bzw. eine netzförmige Infrastruktur. Die Untersuchung bezieht zudem ein zusätzliches Teilnetz des Stadtbahnnetzes mit ein, das ebenfalls eine netzförmige Infrastruktur aufweist (Beispiel 4). Danach werden zum Vergleich mit der Modellfunktion die Simulationsdaten eines großen Eisenbahnknotens (Beispiel 5) analysiert. Der Anhang I: Fallbeispiele enthält detaillierte Informationen zu den einzelnen Beispielen.

Modellfunktion		Beispiel 1 (punktförmig)			
		Be-stimmtheitsmaß	Kor. Be-stimmtheitsmaß	Optimaler Leistungsbereich [Züge/h]	Spannweite [Züge/h]
$a \cdot \dfrac{\eta}{(1-\eta)^b}$	(6-3)	0,9599	0,9589	14,4 bis 20,0	5,6
$a_3 \cdot e^{b_3 \cdot \eta} \cdot \eta^{c_3}$	(6-6)	0,9624	0,9606	24,6 bis 19,5	-5,1
$a_4 \cdot (e^{b_4 \cdot \eta} - 1)$	(6-7)	0,9712	0,9705	24,6 bis 19,8	-4,8
$a_5 \cdot \dfrac{\eta^{c_5}}{(1-\eta)^{b_5}}$	(6-8)	0.9646	0,9628	16,5 bis 20,1	3,6
$a_6 \cdot \dfrac{\eta \cdot (1-\eta^{c_6})}{(1-\eta)^{b_6}}$	(6-12)	0.9647	0.9630	16,7 bis 19,9	3,2

Tabelle 8:   Vergleich der Bestimmtheitsmaße der Modellfunktionen (Beispiel 1, punktförmig)

Das erste Beispiel (vgl. a. Anhang I Beispiel 1) mit punktförmiger Infrastruktur (siehe Tabelle 8) macht deutlich, dass die Modellfunktion (6-12) die Funktion mit dem höchsten (korrigierten) Bestimmtheitsmaß ist. Der von der neuen Modellfunktion (6-12) ermittelte optimale Leistungsbereich ist im Vergleich zum mit der bisherigen Modellfunktion (6-3) ermittelten an der unteren Grenze etwas nach rechts verschoben und besitzt dadurch eine geringere Spannweite.

Das Beispiel zeigt zudem, dass die beiden Grenzen des optimalen Leistungsbereichs, der mithilfe der zwei auf der Exponentialfunktion beruhenden Modellfunktionen (6-6) und (6-7) berechnet wurde, ihre Positionen tauschen. Die Lage der Obergrenze aus der Beförderungsenergie ist niedriger als die Lage der Untergrenze aus der relativen Empfindlichkeit. Die Untergrenze grenzt außerdem direkt an die durchsatzbezogene Leistungsfähigkeit. Ursache hierfür ist die Einschränkung durch die Exponentialfunktion. Der so berechnete optimale Leistungsbereich ist jedoch kein realistisches Untersuchungsergebnis. Deshalb werden die beiden auf der Exponentialfunktion beruhenden Modellfunktionen (6-6) und (6-7) als mögliche neue Modellfunktionen ausgeschlossen.

Modellfunktion		Beispiel 2 (linienförmig)			
		Bestimmtheitsmaß	Kor. Bestimmtheitsmaß	Optimaler Leistungsbereich [Züge/h]	Spannweite [Züge/h]
$a \cdot \dfrac{\eta}{(1-\eta)^b}$	(6-3)	0,9530	0,9519	26,7 bis 38,3	11,6
$a_3 \cdot e^{b_3 \cdot \eta} \cdot \eta^{c_3}$	(6-6)	0,9588	0,9569	41,46 bis 41.5	0,04
$a_4 \cdot (e^{b_4 \cdot \eta} - 1)$	(6-7)	0,9606	0,9597	41,46 bis 41.5	0,04
$a_5 \cdot \dfrac{\eta^{c_5}}{(1-\eta)^{b_5}}$	(6-8)	0,9578	0,9559	29,9 bis 39,1	9,2
$a_6 \cdot \dfrac{\eta \cdot (1-\eta^{c_6})}{(1-\eta)^{b_6}}$	(6-12)	**0,9585**	**0,9566**	**30,8 bis 39,4**	**8,6**

Tabelle 9:   **Vergleich der Bestimmtheitsmaße der Modellfunktionen (Beispiel 2, linienförmig)**

In Beispiel 2 (Tabelle 9) besitzen die Modellfunktionen (6-6) und (6-7) ausnahmsweise ein höheres (korrigiertes) Bestimmtheitsmaß als die anderen Modellfunktionen (6-3), (6-8) und (6-12). Jedoch liegt der optimale Leistungsbereich der Modellfunktionen (6-6) und (6-7) am rechten Rand und damit unmittelbar an der durchsatzbezogenen Leistungsfähigkeit. Deswegen werden die beiden Modellfunktionen (6-6) und (6-7) nicht als mögliche neue Modellfunktion betrachtet. In der restliche Modellfunktionen ist (6-12) die Funktion mit dem höchsten (korrigierten) Bestimmtheitsmaß (vgl. a. Anhang I Beispiel 2). Die untere Grenze des optimalen Leistungsbereichs aus der neuen Modellfunktion (6-12) befindet sich im Vergleich zum optimalen Leistungsbereich der bisher verwendeten Modellfunktion (6-3) weiter rechts und besitzt dadurch eine geringere Spannweite.

Modellfunktion		Beispiel 3 (netzförmig)			
		Be- stimmtheit smaß	Kor. Be- stimmtheit smaß	Optimaler Leis- tungsbereich [Züge/h]	Spann- weite [Züge/h]
$a \cdot \dfrac{\eta}{(1-\eta)^b}$	(6-3)	0,9912	0,9911	91,0 bis 136,0	45,0
$a_3 \cdot e^{b_3 \cdot \eta} \cdot \eta^{c_3}$	(6-6)	0,9883	0,9881	141,4 bis 141,5	0,1
$a_4 \cdot (e^{b_4 \cdot \eta} - 1)$	(6-7)	0,9875	0,9874	141,4 bis 141,5	0,1
$a_5 \cdot \dfrac{\eta^{c_5}}{(1-\eta)^{b_5}}$	(6-8)	**0,9919**	**0.9917**	**95,2 bis 136,5**	**41,3**
$a_6 \cdot \dfrac{\eta \cdot (1-\eta^{c_6})}{(1-\eta)^{b_6}}$	(6-12)	**0,9919**	**0.9917**	**95,2 bis 136,7**	**41,5**

Tabelle 10:   **Vergleich der Bestimmtheitsmaße der Modellfunktionen (Beispiel 3, netzförmig)**

Bei dem Beispiel (vgl. a. Anhang I Beispiel 3) mit netzförmiger Infrastruktur (Tabelle 10) ist das (korrigierte) Bestimmtheitsmaß der neuen Modellfunktionen (6-8) und (6-12) am höchsten. Der optimale Leistungsbereich der Modellfunktion (6-12) liegt, verglichen mit dem optimalen Leistungsbereich der bisherigen Modellfunktion (6-3), wiederum etwas weiter rechts und besitzt eine geringere Spannweite.

Modellfunktion		Beispiel 4 (netzförmig)			
		Be- stimmtheit smaß	Kor. Be- stimmtheit smaß	Optimaler Leis- tungsbereich [Züge/h]	Spann- weite [Züge/h]
$a \cdot \dfrac{\eta}{(1-\eta)^b}$	(6-3)	0,9823	0,9821	87,2 bis 127,7	40,5
$a_3 \cdot e^{b_3 \cdot \eta} \cdot \eta^{c_3}$	(6-6)	0,9775	0,9768	135,3 bis 135,4	0,1
$a_4 \cdot (e^{b_4 \cdot \eta} - 1)$	(6-7)	0,9788	0,9785	135,3 bis 135,4	0,1
$a_5 \cdot \dfrac{\eta^{c_5}}{(1-\eta)^{b_5}}$	(6-8)	**0,9824**	**0,9822**	**87,2 bis 127,7**	**40,5**
$a_6 \cdot \dfrac{\eta \cdot (1-\eta^{c_6})}{(1-\eta)^{b_6}}$	(6-12)	**0,9825**	**0,9822**	**87,2 bis 127,7**	**40,5**

Tabelle 11:   **Vergleich der Bestimmtheitsmaße der Modellfunktionen (Beispiel 4, netzförmig)**

Im Beispiel 4 (Tabelle 11) besitzt die neue Modellfunktion (6-12) dasselbe (korrigierte) Bestimmtheitsmaß wie die Modellfunktion (6-8). Außerdem liegen die aus der

Modellfunktion (6-3), (6-8) und (6-12) ermittelten optimalen Leistungsbereiche genau übereinander (vgl. a. Anhang I Beispiel 4).

Modellfunktion		Beispiel 5 (Eisenbahnkonten)			
		Be-stimmtheit smaß	Korrigier-tes Be-stimmtheit smaß	Optimaler Leis-tungsbereich [Züge/h]	Spann-weite [Züge/h]
$a \cdot \dfrac{\eta}{(1-\eta)^b}$	(6-3)	0,9724	0,9718	79,5 bis 111,4	31,9
$a_3 \cdot e^{b_3 \cdot \eta} \cdot \eta^{c_3}$	(6-6)	0,9735	0,9724	122 bis 122,1	0,1
$a_4 \cdot (e^{b_4 \cdot \eta} - 1)$	(6-7)	0,9731	0,9725	122 bis 122,1	0,1
$a_5 \cdot \dfrac{\eta^{c_5}}{(1-\eta)^{b_5}}$	(6-8)	0,9737	0,9727	86,2 bis 112,3	26,1
$a_6 \cdot \dfrac{\eta \cdot (1-\eta^{c_6})}{(1-\eta)^{b_6}}$	(6-12)	**0,9759**	**0,9749**	**87,4 bis 112,8**	**25,4**

Tabelle 12: **Vergleich der Bestimmtheitsmaße der Modellfunktionen (Beispiel 5, großer Eisenbahnknoten)**

Das letzte Beispiel (vgl. a. Anhang I Beispiel 5) mit Darstellung eines größeren Eisenbahnknotens (Tabelle 12) bestätigt erneut, dass das höchste (korrigierte) Bestimmtheitsmaß mit der neuen Modellfunktion (6-12) zustande kommt. Der optimale Leistungsbereich der neue Modellfunktion (6-12) liegt im Vergleich zum optimalen Leistungsbereich der bisherigen Modellfunktion (6-3) wiederum geringfügig weiter rechts, besitzt aber eine signifikant niedrigere Spannweite.

Zusammenfassend lässt sich sagen, dass die Modellfunktion (6-12) als neue Modellfunktion der Wartezeitfunktion für künftige Untersuchungen zu empfehlen ist, da sie sich in allen fünf praxisbezogenen Anwendungsfällen (mit unterschiedlicher Arten der Infrastruktur und des Betriebsprogramms) signifikant besser an die Situation anpassen lässt als die anderen Modellfunktionen. Auch die trivial ableitbaren Ergebnisse des einfachen Beispiels aus Abschnitt 5.3.3 werden von dieser Modellfunktion am besten angepasst. Das ist vor allem deshalb bedeutend, da sich in diesem einfachen Beispiel beliebig viele Fahrplanverdichtungen erstellen und anschließend simulieren lassen, während bei typischen praktischen Anwendungen wegen des Zeitaufwands nur eine beschränkte Anzahl an Fahrplanverdichtungen analysierbar ist. Die hohe Anzahl der Fahrplanverdichtungen sorgen für ein statistisch gesichertes Simulationsergebnis. Eine hohe Übereinstimmung der Modellfunktion (6-12) mit den statistisch gesicherten Simulationsergebnissen beweist die hohe Anpassungsfähigkeit der Modellfunktion. Tendenziell verschiebt sich der optimale Leistungsbereich bei Verwendung der neuen Modellfunktion (6-12), verglichen mit der bisher verwendeten Modellfunktionen bei unterschiedlichen Untersuchungsfällen etwas nach rechts, bei gleichzeitiger Abnahme der Spannweite des optimalen Leistungsbereichs. Diese Eingrenzung weist auf eine höhere Genauigkeit hin.

6.3 Schlussfolgerung und Empfehlungen für die praktischen Anwendungen

Ein höheres Bestimmtheitsmaß bewirkt auch eine bessere Darstellung der Datenpunkte durch die Modellfunktion. Folglich hat der entsprechende optimale Leistungsbereich eine größere Aussagekraft. Die unter Berücksichtigung der Wirkungen der transienten Phase neu entwickelte Modellfunktion mit drei Parametern (6-12)

$$EW_t = a_6 \cdot \frac{\eta \cdot (1 - \eta^{c_6})}{(1 - \eta)^{b_6}}$$

weist im Vergleich zu anderen Modellfunktionen, wie der bisher verwendeten Modellfunktion (6-3)

$$EW_t = a \cdot \frac{\eta}{(1 - \eta)^b}$$

ein höheres Bestimmtheitsmaß bezogen auf die Daten des einfachen Modells aus Abschnitt 5.3.3 und auch bezüglich weiterer Daten (vgl. Abschnitt 6.2.4) auf. Die Parameter a_6 und b_6 in der neuen Modellfunktion (6-12) dienen wie in der bisher verwendeten Modellfunktion (6-3) dazu, die unterschiedlichen Infrastrukturen und Betriebsprogramme anzupassen. Durch den neu hinzugefügten Term $(1 - \eta^{c_6})$ bzgl. des dritten Parameters c_6 werden die Wirkungen der transienten Phase repräsentiert. Wegen dieses zusätzlichen Parameters c_6 steigt der Zeitaufwand bei der Verwendung der neuen Modellfunktion (6-12) zur Bestimmung der Wartezeitfunktion um c.a. das 30-fache im Vergleich zur Verwendung der bisherigen Modellfunktion (6-3) in Matlab [MathWorks 2013]. Jedoch bleibt der Zeitaufwand der neuen Modellfunktion (6-12) immer innerhalb einer Größenordnung von 10^{-2} s, welche im Vergleich zum stundenlangen Zeitaufwand der Generierung und Simulation der Fahrplanverdichtungen nach wie vor vernachlässigt werden kann. Es ist also empfehlenswert, die neue Modellfunktion (6-12) künftig für die Modellierung der Wartezeitfunktion und darauf aufbauend auch für die Bestimmung des optimalen Leistungsbereichs einzusetzen.

7 Zusammenfassung

In dieser Arbeit wird das Verfahren zur Bestimmung des optimalen Leistungsbereichs nach [Hertel 1992] basierend auf dem Beitrag von [Schmidt 2009] weiterentwickelt. Der Schwerpunkt der Arbeit liegt auf der Untersuchung der Beibehaltung der Randbedingungen sowie der Wirkungen der transienten Phase in der simulativen Methode zur Leistungsuntersuchung. Unter der Berücksichtigung der Wirkung der transienten Phase kann die durchsatzbezogene Leistungsfähigkeit genauer ermittelt werden und die Wartezeitfunktion im (endlichen) Untersuchungszeitraum exakter bestimmt werden. Somit besitzt der sich daraus ergebende optimale Leistungsbereich eine höhere Plausibilität. Nachfolgend werden die wesentlichen Forschungsergebnisse kurz zusammengefasst.

- **Fahrplanverdichtungsstrategie**

  Der neue Algorithmus ("Dynamisierung der Zeitscheiben mit exakter Zugzahl") zur Generierung eines für Leistungsuntersuchungen geeigneten zufälligen Fahrplans ermöglicht eine hinreichend genaue Abbildung des realen Betriebs in systematischer Form. Das zu untersuchende Betriebsprogramm wird gleichzeitig in seiner Struktur nicht signifikant verändert. Dies sorgt dafür, dass die Simulationsergebnisse als zuverlässige Grundlage für alle darauf aufbauenden Untersuchungen genutzt werden können.

- **Durchsatzbezogene Leistungsfähigkeit**

  Die durchsatzbezogene Leistungsfähigkeit ist ein entscheidender Eingangsparameter für die Bestimmung der Wartezeitfunktion, aus dem der optimale Leistungsbereich letztendlich ermittelt wird. Ein neuer Ansatz mit dem Indikator - Verhältnis zwischen Eingangs- und Ausgangsbelastung - wird entwickelt. Damit kann der Abweichungspunkt von Eingangs- und Ausgangsbelastung zuverlässig ermittelt werden. Wegen der Wirkungen der transienten Phase in der simulativen Methode liegt der Abweichungspunkt niedriger als die reale durchsatzbezogene Leistungsfähigkeit. Um dieses Problem zu umgehen wird die Formel (5-12)

$$M_r = \frac{M_e}{1 - \left(a_M \cdot \left(\frac{3600}{M_e} \right)^{c_M} \right)^{v^{b_M}}}$$

wobei

- M_r: reale durchsatzbezogenen Leistungsfähigkeit,
- M_e: Abweichungspunkt von Eingangs- und Ausgangsbelastung,
- v: Vorlaufzeit der Simulation,
- a_M: Parameter der Formel (= $0{,}034^{24}$),
- b_M: Parameter der Formel (= 0,44),
- c_M : Parameter der Formel (= 0,36)

bezeichnet,

entwickelt und ein Weg geschaffen, den Abweichungspunkt von Eingangs- und Ausgangsbelastung auf die reale durchsatzbezogene Leistungsfähigkeit zu transformieren.

- **Wartezeitfunktion**

Die Bestimmung der Wartezeitfunktion sowie des optimalen Leistungsbereichs hängt vor allem von der Modellfunktion ab. Je höher das Bestimmtheitsmaß der Modellfunktion, umso besser kann diese den Zusammenhang der Datenpunkte (Simulationsergebnisse) darstellen. Die neu konstruierte Modellfunktion (6-12)

$$EW_t = a_6 \cdot \frac{\eta \cdot (1 - \eta^{c_6})}{(1 - \eta)^{b_6}}$$

weist, verglichen mit der vorhandenen Modellfunktion ein signifikant höheres Bestimmtheitsmaß auf. Die Anwendung der neuen Modellfunktion macht eine realitätsnahe Auswertung der Simulationsergebnisse möglich. Die angepassten Parameter der Modellfunktion, die mit dem Trust-Region-Algorithmus und einem robusten Regressionsverfahren berechnet werden, besitzen eine hohe Robustheit gegen Ausreißer. Demzufolge erhöht sich die Aussagekraft des daraus ermittelten optimalen Leistungsbereichs.

Unter Berücksichtigung der Wirkungen der transienten Phase steigen die Genauigkeit und die Aussagekraft der simulativen Methode zur Leistungsuntersuchung deutlich. Infolgedessen beschränkt sich die Einsatzmöglichkeit des aus der neu entwickelten Methode ermittelten optimalen Leistungsbereichs nicht mehr nur auf

---

[24] Der Wert für die Parameter a_M, b_M und c_M gilt für das Wartesystem M/D/1 mit zweistündigem Auswertezeitraum.

Vergleichszwecke (wie in [DB Netz AG 2008] beschrieben), sondern er kann nun auch als Richtwert für die praktische Anwendung eingesetzt werden.

Nachdem die Modellierung des Eisenbahnbetriebs auf der Grundlage der Warteschlangetheorie weiter untersucht worden ist, wurden wichtige zu berücksichtigende Punkte identifiziert. Zwei Punkte – die beizubehaltenden Randbedingungen sowie die Wirkungen der transienten Phase – wurden in der vorliegenden Arbeit analysiert. Gleichzeitig werden auch neue offene Fragestellungen für künftige Untersuchungen aufgeworfen:

- Bisher wird ein grobes Betriebsprogramm (Zugmix), das bei der Fahrplanverdichtung durch die unterschiedlichen Verdichtungsstufen nicht verändert wird, für die Leistungsuntersuchung des optimalen Leistungsbereichs vorausgesetzt. Dies lässt sich gut mit einem Bedienungsmodell abbilden, jedoch ist das Betriebsprogramm bei bestimmten Aufgabenstellungen zu ändern. Dies gilt z.B. wenn die Anzahl der Güterzüge bei der Fahrplanverdichtung immer wie im geplanten Fahrplan beibehalten werden soll. Gleichzeitig sind die anderen Zuggattungen nach der Verdichtungsstufe zu verdichten. Somit hängt das grobe Betriebsprogramm (Ankunftsprozess eines Bedienungsmodells) von der Verdichtungsstufe ab. Demzufolge kann kein normales Bedienungsmodell zur Modellierung eingesetzt werden. Die durchsatzbezogene Leistungsfähigkeit sowie die Wartezeitfunktion sind zu modifizieren um diese Art der Aufgabenstellung bewältigen zu können.
- Es ist noch zu diskutieren, ob eine Modellfunktion für die Wartezeitfunktion so zu konstruieren ist, dass die durchsatzbezogene Leistungsfähigkeit direkt bei der Anpassung der Modellfunktion mit den Datenpunkten (Simulationsergebnissen) bestimmt wird. Damit könnte der Aufwand zur Bestimmung der durchsatzbezogenen Leistungsfähigkeit gesenkt werden.
- Der optimale Leistungsbereich nach [Hertel 1992] ist eines der Ergebnisse von Leistungsuntersuchungen. Wird der optimale Leistungsbereich mit anderen bekannten Ergebnissen verbunden (z.B. Finden einer Nennleistung im optimalen Leistungsbereich), kann die Aussagekraft des optimalen Leistungsbereichs weiter erhöht werden.

Zusammengefasst ergeben sich aus den erreichten Forschungsergebnissen wichtige Impulse für eine Weiterentwicklung der Leistungsuntersuchung zur Bestimmung des optimalen Leistungsbereichs. Obwohl noch Fragen bei der Anwendung des Verfahrens zur Leistungsuntersuchung nach [Hertel 1992] offen bleiben, wurde mit der vorliegenden Arbeit ein wichtiger Schritt in Richtung verbesserte Genauigkeit und erhöhter Aussagekraft geschaffen.

Anhang I: Fallbeispiele

Um die neu entwickelte Methode zur Bestimmung der durchsatzbezogenen Leistungsfähigkeit sowie die neu entwickelten Modellfunktionen (6-8) und (6-12) für die Wartezeitfunktion zu erläutern, werden fünf Beispiele[25] mit unterschiedlicher Infrastruktur und verschiedenen Betriebsprogrammen in diesem Anhang dargestellt. Alle Beispiele wurden mit synchronen Simulationswerkzeug "RailSys" ([RMCon 2010]) ausgeführt. Das Beispiel 1 stellt einem kleinen Eisenbahnknoten mit inhomogenem Betriebsprogramm dar. Beim Beispiel 2 handelt es sich um eine lange zweigleisige Eisenbahnstrecke, deren Infrastruktur ebenfalls durch ein inhomogenes Betriebsprogramm überlagert wird. Das dritte sowie das vierte Beispiel setzen sich aus zwei Teilnetzen eines Stadtbahnnetzes mit einer netzförmigen Infrastruktur zusammen. Das Betriebsprogramm ist jeweils homogen und besitzt kurze Taktzeiten. Das letzte Beispiel simuliert einen großen Eisenbahnknoten mit 69 Züge/h im Eingangsfahrplan, dieser setzt wiederum auf ein inhomogenes Betriebsprogramm. Tabelle 13 enthält die Übersicht über alle untersuchten Beispiele.

---

[25] Die zugrundeliegenden Daten (Infrastruktur sowie Betriebsprogramm) der fünf Bespiele sind identisch zu den Beispielen aus [Martin & Chu 2012]. In dieser Arbeit werden die Ergebnisse aus der neu entwickelten Methode zur Bestimmung der durchsatzbezogenen Leistungsfähigkeit sowie der neu entwickelten Modellfunktionen für die Wartezeitfunktion dargestellt.

Modellfunktion			Durch-satzbezogene. Leistungsfähig keit. [Züge/h]	Optimaler Leistungsbereich [Züge/h]	Spann-weite [Züge/h]
Bsp. 1	$a \cdot \dfrac{\eta}{(1-\eta)^b}$	(6-3)	24,6	14,4 bis 20,0	5,6
	$a_5 \cdot \dfrac{\eta^{c_5}}{(1-\eta)^{b_5}}$	(6-8)		16,5 bis 20,1	3,6
	$a_6 \cdot \dfrac{\eta \cdot (1-\eta^{c_6})}{(1-\eta)^{b_6}}$	(6-12)		16,7 bis 19,9	3,2
Bsp. 2	$a \cdot \dfrac{\eta}{(1-\eta)^b}$	(6-3)	41,5	26,7 bis 38,3	11,6
	$a_5 \cdot \dfrac{\eta^{c_5}}{(1-\eta)^{b_5}}$	(6-8)		29,9 bis 39,1	9,2
	$a_6 \cdot \dfrac{\eta \cdot (1-\eta^{c_6})}{(1-\eta)^{b_6}}$	(6-12)		30,8 bis 39,4	8,6
Bsp. 3	$a \cdot \dfrac{\eta}{(1-\eta)^b}$	(6-3)	141,5	91,0 bis 136,0	45,0
	$a_5 \cdot \dfrac{\eta^{c_5}}{(1-\eta)^{b_5}}$	(6-8)		95,2 bis 136,5	41,3
	$a_6 \cdot \dfrac{\eta \cdot (1-\eta^{c_6})}{(1-\eta)^{b_6}}$	(6-12)		95,2 bis 136,7	41,5
Bsp. 4	$a \cdot \dfrac{\eta}{(1-\eta)^b}$	(6-3)	135,4	87,2 bis 127,7	40,5
	$a_5 \cdot \dfrac{\eta^{c_5}}{(1-\eta)^{b_5}}$	(6-8)		87,2 bis 127,7	40,5
	$a_6 \cdot \dfrac{\eta \cdot (1-\eta^{c_6})}{(1-\eta)^{b_6}}$	(6-12)		87,2 bis 127,7	40,5
Bsp. 5	$a \cdot \dfrac{\eta}{(1-\eta)^b}$	(6-3)	122,1	79,5 bis 111,4	31,9
	$a_5 \cdot \dfrac{\eta^{c_5}}{(1-\eta)^{b_5}}$	(6-8)		86,2 bis 112,3	26,1
	$a_6 \cdot \dfrac{\eta \cdot (1-\eta^{c_6})}{(1-\eta)^{b_6}}$	(6-12)		87,4 bis 112,8	25,4

Tabelle 13:   **Überblick der Ergebnisse alle fünf Beispiele**

Beispiel 1

Infrastruktur und Betriebsprogramm

Beispiel 1 beschreibt einen fiktiven Eisenbahnknoten für die Lehre. Er setzt sich aus einer zweigleisigen Strecke, einer eingleisigen Strecke sowie einem Knotenbahnhof, der über fünf Gleise verfügt und von insgesamt 9 Zügen pro Stunde befahren wird, zusammen. Laut Fahrplan kommen sieben Züge pro Stunde in dem Knotenbahnhof an. Das Betriebsprogramm besteht aus drei Zugkategorien: Nah- und Fernreisezüge sowie Nahgüterzüge. Die Infrastruktur[26] sowie das Betriebsprogramm sind in Abbildung 40 bis Abbildung 42 abgebildet.

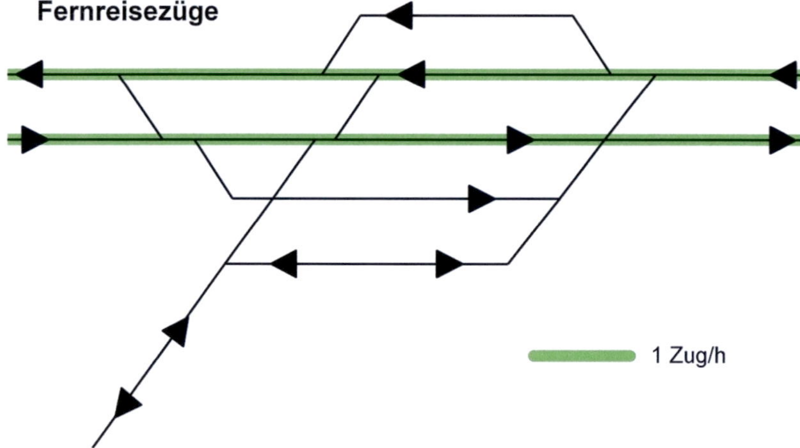

Abbildung 40: Beispiel 1 - Infrastruktur und Betriebsprogramm, Fernreisezüge (Quelle: [Martin & Chu 2012])

---

[26] Im Vergleich zur ursprünglichen Infrastruktur werden zwei Signale von der eingleisigen Strecke zur Vermeidung des Deadlocks entfernt

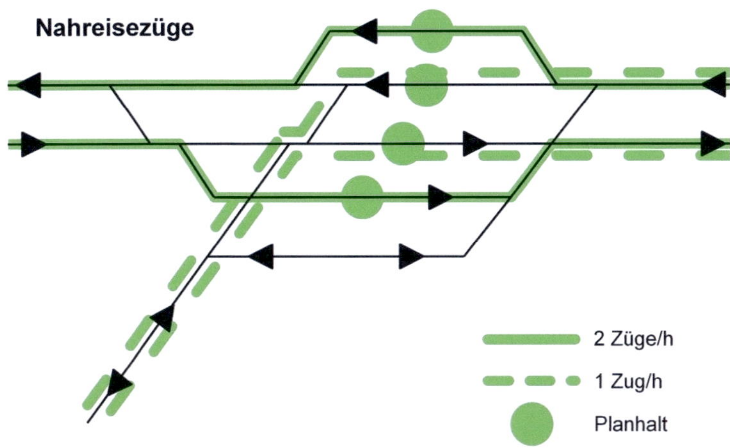

Abbildung 41: Beispiel 1 - Infrastruktur und Betriebsprogramm, Nahreisezüge (Quelle: [Martin & Chu 2012])

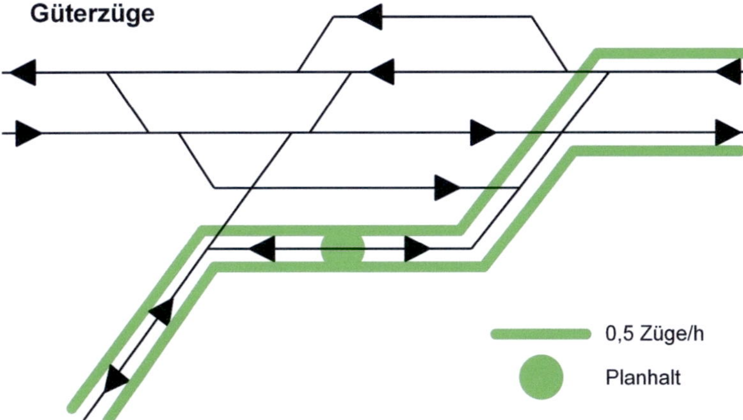

Abbildung 42: Beispiel 1 - Infrastruktur und Betriebsprogramm, Güterzüge (Quelle: [Martin & Chu 2012])

Die durchsatzbezogene Leistungsfähigkeit

Nun kommt der in Kapitel 3 entwickelte Fahrplanverdichtungsalgorithmus zum Einsatz. Da das Beispiel im Vergleich zu anderen Fallbeispielen recht überschaubar gehalten wurde, werden, um die statistische Sicherheit zu gewährleisten und auszubauen, insgesamt 464 Fahrplanverdichtungen von 5% bis 350% für die Untersuchung erstellt. Die Ergebnisse der Simulationen werden in Abbildung 43 visualisiert. Zur Verbesserung der Übersichtlichkeit fasst der Algorithmus Datenpunkte mit derselben Eingangsbelastung zusammen und überträgt ihren Mittelwert in das Schaubild (rote Punkte). Da sich die durchsatzbezogene Leistungsfähigkeit aus dem Diagramm intuitiv nicht eindeutig ermitteln lässt, werden zwei Geraden in Abbildung 29 eingefügt. Bei der ersten Gerade handelt es sich um die theoretische Gerade (Eingangsbelastung = Ausgangsbelastung). Die zweite Gerade entsteht als eine Ausgleichsgerade aus den zusammengefassten, roten Datenpunkten. Beim Erzeugen der zweiten Gerade muss darauf geachtet werden, dass die Summe des Abstands aller Datenpunkte oberhalb des Schnittpunkts zu der zweiten Gerade und des Abstands aller Datenpunkte unterhalb des Schnittpunkts zu der theoretischen Gerade möglichst minimal wird. Nach der Ermittlung des Abweichungspunkts (21,6 Züge/h) zwischen Eingangs- und Ausgangsbelastung, kann mithilfe der Formel (5-12) die durchsatzbezogene Leistungsfähigkeit berechnet werden. Basierend auf dieser Methode ergibt sich für dieses Beispiel eine durchsatzbezogene Leistungsfähigkeit von 24,6 [Z/h].Das Ergebnis scheint bei Betrachtung der Graphik auch intuitiv plausibel zu sein.

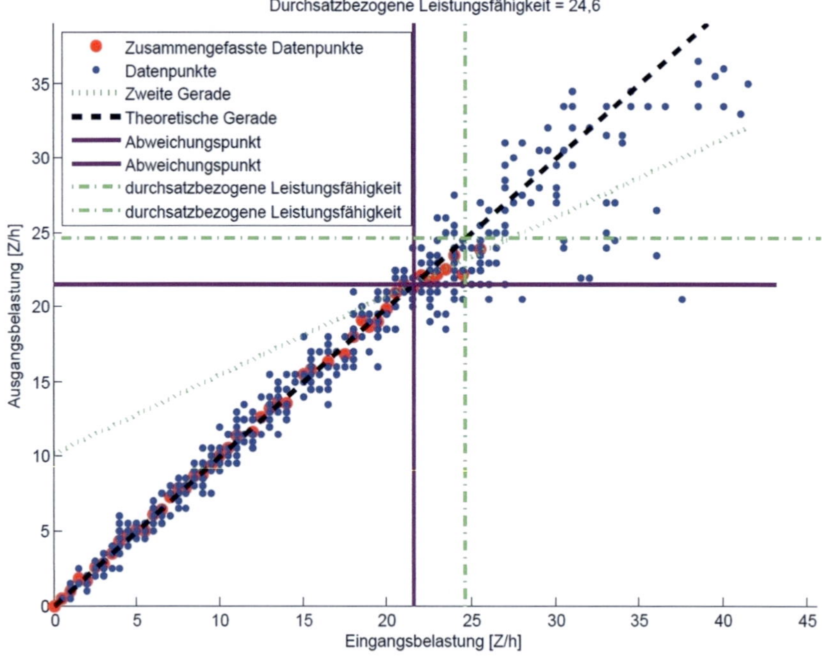

Abbildung 43:   Durchsatzbezogene Leistungsfähigkeit – Beispiel 1

Wartezeitfunktion

Zusätzlich können die Simulationsergebnisse (die (Eingangs-) Belastungen und Wartezeiten) jedes Simulationslaufs als Datenpunkte zur Bestimmung der Wartezeitfunktion eingesetzt werden (siehe Abbildung 44). Datenpunkte mit derselben (Eingangs-) Belastung lassen sich zudem zu einem Datenpunkt zusammenfassen. Die Modellfunktionen (6-6) und (6-7) mit exponentiellem Term weisen stets ein niedrigeres Bestimmtheitsmaß als die Modellfunktionen (6-3), (6-8) und (6-12) auf. Außerdem erscheinen die daraus gelieferten optimalen Leistungsbereiche wenig plausibel. Aus diesem Grund gehen die Fallbeispiele nicht näher auf die beiden Modellfunktionen ein. Zwischen der bisher verwendeten Modellfunktion (6-3) und den beiden neuen Modellfunktionen (6-8) sowie (6-12), kommt es zu signifikanten Abweichungen. Diese treten vor allem bei niedriger Belastung und an der Obergrenze des optimalen Leistungsbereichs auf. Die beiden neuen Modellfunktionen (6-8) und (6-12) passen besser zu den Datenpunkten als die bisher verwendete Modellfunktion (6-3). Demzufolge weisen die Modellfunktionen (6-8) und (6-12) ein höheres korrigiertes Bestimmtheitsmaß auf als die Modellfunktion (6-3) in diesem Beispiel, wobei das korrigierte Bestimmtheitsmaß der Modellfunktion (6-12) (=0,9630) noch besser passt als das der Modellfunktion (6-8) (=0,9628). Die optimalen Leistungsbereiche aus (6-8) und (6-12) verschieben sich im Vergleich zum optimalen Leistungsbereich aus (6-3) bei signifikant geringerer Spannweite etwas weiter nach rechts.

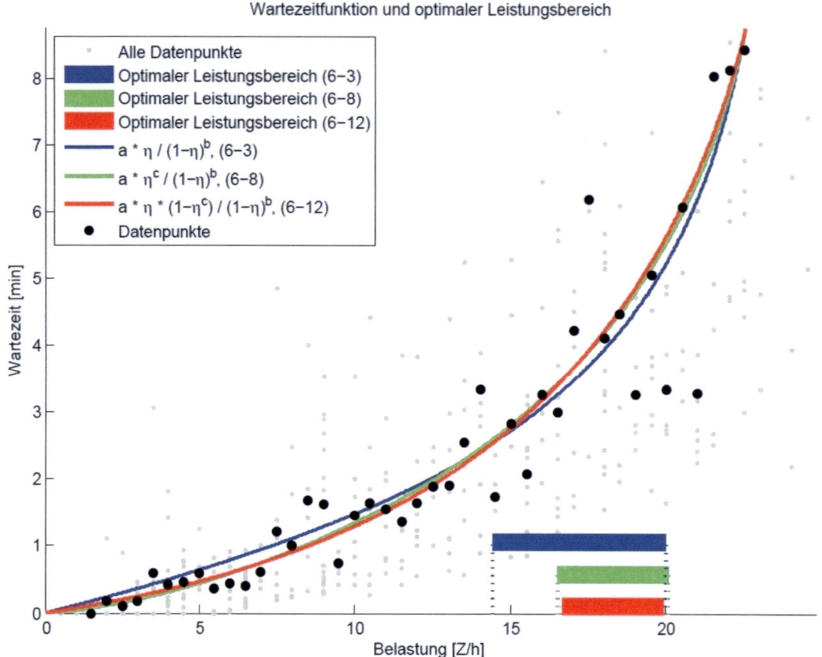

Abbildung 44: Wartezeitfunktion und optimaler Leistungsbereich – Beispiel 1

Beispiel 2

Infrastruktur und Betriebsprogramm

Beispiel 2 zeigt eine reale zweigleisige Eisenbahnstrecke mit insgesamt 23 Betriebsstellen. Der zu untersuchende Fahrplanzeitraum entspricht der späten Hauptverkehrszeit und umfasst 15 Zuglaufgruppen mit 21,5 Zügen pro Stunde. Bevor die
Fahrplanverdichtungen erstellt werden können, müssen sämtliche Wartezeiten (Bau-
zuschläge, Regelzuschläge und Haltezuschläge) aus dem Modellzug der Zuglaufgruppen beseitigt (siehe Abschnitt 4.1.2) werden. Die so modifizierten Modellzüge
werden in den Fahrplanverdichtungen als Vorlage zur Erstellung der Züge in den
Zuglaufgruppen verwendet. Von den insgesamt 23 Betriebsstellen sind sieben von
besonderer Bedeutung. Abbildung 45 zeigt das Betriebsprogramm in Abhängigkeit
der sieben Betriebsstellen.

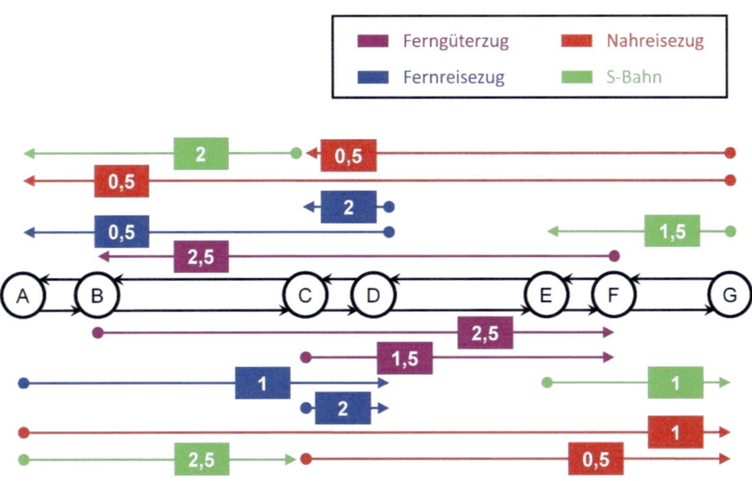

Abbildung 45: Betriebsprogramm - Beispiel 2 (Quelle: [Martin & Chu 2012])

Die durchsatzbezogene Leistungsfähigkeit

Es wird erneut der in Kapitel 3 entwickelte Fahrplanverdichtungsalgorithmus verwendet. Die Verdichtungsstufen des Betriebsprogramms reichen von 5% bis 250% mit einer Schrittweite von 5%. Für jede Verdichtungsstufe werden zwei zufällige Fahrpläne erstellt. Für die Untersuchung werden also insgesamt 100 Fahrplanverdichtungen erzeugt. Wie zuvor werden sämtliche (zusammengefasste) Datenpunkte in ein Schaubild übertragen (Abbildung 46). Die durchsatzbezogene Leistungsfähigkeit wird durch Berechnung des Schnittpunkts der theoretischen und der zweiten (Ausgleichs-) Geraden ermittelt. Sie beträgt 37,6 [Z/h] (siehe Abbildung 46). Um auf die Wirkungen der transienten Phase eingehen zu können, wird auf die Formel (5-12) zurückgegriffen. Der Wert der realen durchsatzbezogenen Leistungsfähigkeit beträgt 41,5 [Z/h].

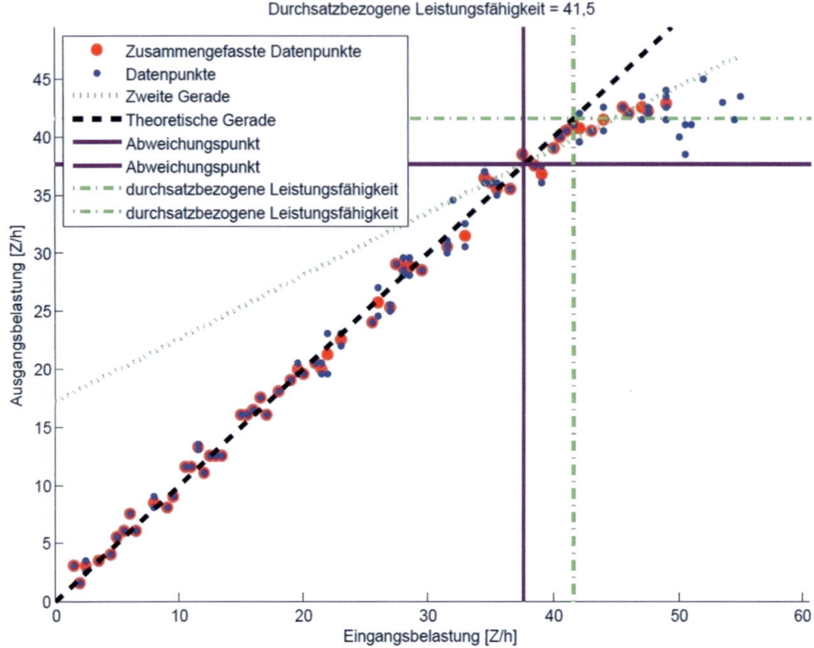

Abbildung 46:   Durchsatzbezogene Leistungsfähigkeit – Beispiel 2

Wartezeitfunktion

Die Simulationsergebnisse werden, wie im vorherigen Beispiel, als Datenpunkte zur Abstimmung der Wartezeitfunktion verwendet. Die Wartezeitfunktionen (6-3), (6-8) und (6-12) werden in Abbildung 47 abgebildet. Die Unterschiede der drei Wartezeitfunktionen liegen, wie schon in Beispiel 1, im Bereich der niedrigen und der hohen Belastungen. Die grüne und die rote Kurve der neu entwickelten Modellfunktionen (6-8) und (6-12) verlaufen jeweils durch die Mitte der Punktwolke. Im Vergleich dazu weicht die blaue Kurve der bisher verwendeten Modellfunktion (6-3) sowohl bei niedrigen Belastungen (Kurve liegt oberhalb des Durchschnitts der Datenpunkte), als auch bei hohen Belastungen (Kurve liegt unterhalb des Durchschnitts der Datenpunkte), vom Durchschnitt ab. Zudem weist die Modellfunktion (6-12) ein höheres korrigiertes Bestimmtheitsmaß (= 0,9566) auf als die Modellfunktionen (6-8) (= 0,9559) und (6-3) (= 0,9519). Verglichen mit dem optimalen Leistungsbereich von (6-3), verschiebt sich der aus den Wartezeitfunktionen (6-8) und (6-12) ermittelte optimale Leistungsbereich bei geringerer Spannweite geringfügig weiter nach rechts.

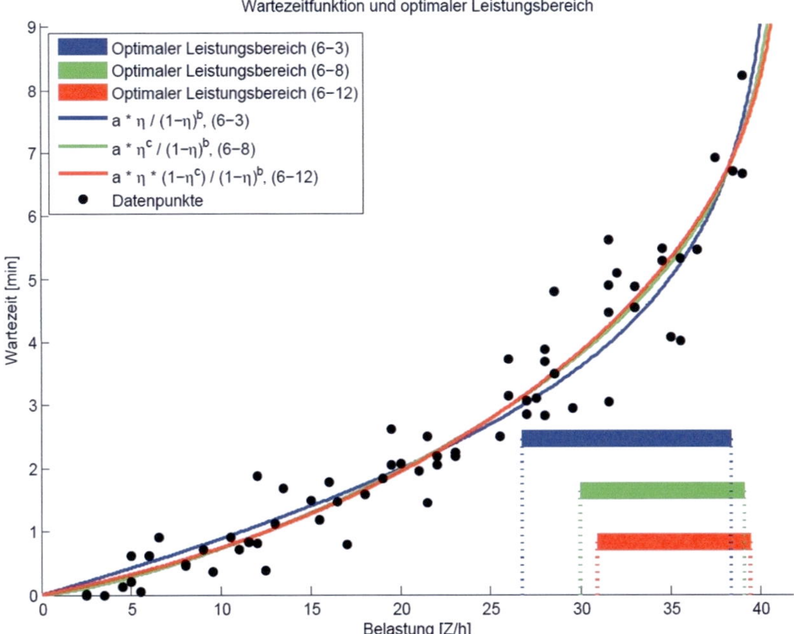

Abbildung 47:   Wartezeitfunktion und optimaler Leistungsbereich – Beispiel 2

Beispiel 3

Infrastruktur und Betriebsprogramm

Beispiel 3 beschreibt ein Teilnetz eines realen Stadtbahnnetzes. Die Untersuchung umfasst 24 Haltestellen und fünf Linien (jeweils in beiden Richtungen) . Auf vier der Linien sind Stadtbahnfahrzeuge im Betrieb, auf der letzten Linie kommen Straßenbahnfahrzeuge zum Einsatz. Im Vergleich zu anderen Beispielen besitzt diese Untersuchung ein relativ homogenes Betriebsprogramm. Die Linien sind exakt getaktet, sodass die Taktzeit für alle Linien mit 10 Minuten identisch ist. Somit enthält der Eingangsfahrplan 60 Züge pro Stunde. Abbildung 48 zeigt eine schematische Darstellung des Linienplans.

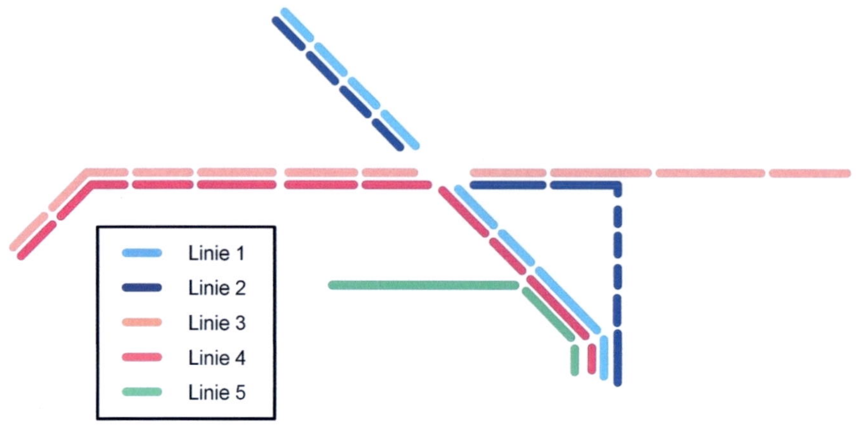

Abbildung 48:   Linienplan - Beispiel 3 (Quelle: [Martin & Chu 2012])

Die durchsatzbezogene Leistungsfähigkeit

Wie in den Beispielen zuvor wird der Fahrplanverdichtungsalgorithmus aus Kapitel 3 verwendet. Die Verdichtungsstufen des Betriebsprogramms reichen von 5% bis 275% mit einer Schrittweite von 5%. Für jede Verdichtungsstufe werden drei zufällige Fahrpläne erzeugt. Insgesamt entstehen somit 165 Fahrplanverdichtungen für die Untersuchung. Das in Abbildung 49 dargestellte Diagramm kann mit denselben Methoden wie in den Beispielen zuvor erstellt werden. Durch den größeren Maßstab bei Eingangs – und Ausgangsbelastungen und ein vergleichsweise homogenes Betriebsprogramm verringert sich die Streuung der Datenpunkte. Aus dem Schaubild lässt sich intuitiv eine durchsatzbezogene Leistungsfähigkeit im Bereich 120-140 Z/h erkennen. Bezieht man den Schnittpunkt mit ein, so erhält man eine quasi-durchsatzbezogene Leistungsfähigkeit von 134,4 [Z/h] (siehe Abbildung 49). Aufgrund der Wirkungen der transienten Phase (Formel (5-12)) liegt die reale durchsatzbezogene Leistungsfähigkeit mit 141,5 Z/h etwas höher.

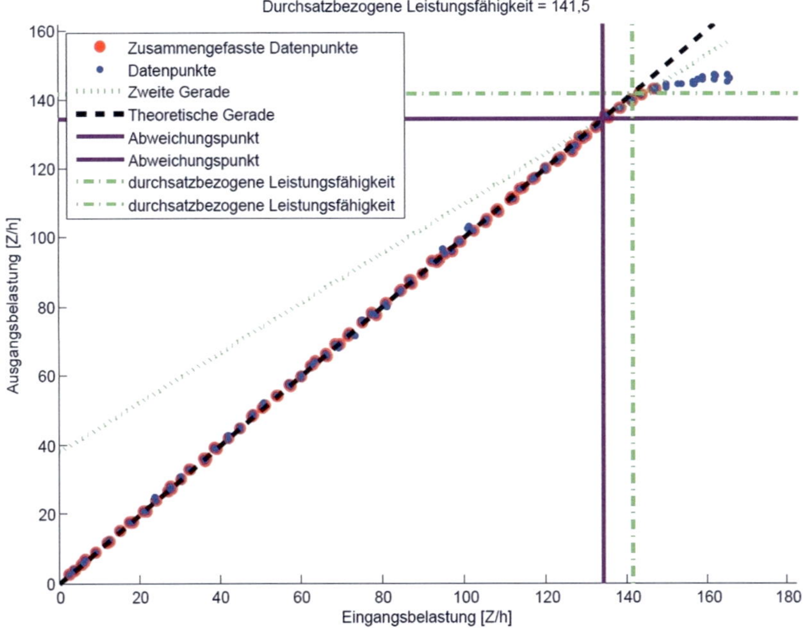

Abbildung 49:   Durchsatzbezogene Leistungsfähigkeit – Beispiel 3

Wartezeitfunktion

Abbildung 50 zeigt die Simulationsergebnisse als Datenpunkte sowie die Modellfunktionen (6-3), (6-8) und (6-12). Es kommt zu geringfügigen systematischen Abweichungen zwischen den Datenpunkten und der bisher verwendeten Modellfunktion (6-3) im Bereich der niedrigen Belastungen und im optimalen Leistungsbereich. Dieses Verhältnis wird ebenfalls in Kapitel 6 Abbildung 31 dargestellt. Die neu entwickelten Modellfunktionen (6-8) und (6-12) liefern an dieser Stelle bessere Ergebnisse als die bisher verwendete Modellfunktion (6-3), die in der Mitte der Datenpunkte liegt. Abgesehen von der intuitiven Erkennung aus der Graphik, zeigen auch die Bestimmtheitsmaße der beiden Wartezeitfunktionen, dass die neu entwickelten Modellfunktionen (6-8) und (6-12) mit demselben korrigierten Bestimmtheitsmaß 0.9917 besser zu den Datenpunkten passen, als die bisher verwendete Modellfunktion (6-3) mit dem korrigierten Bestimmtheitsmaß 0.9911. Verglichen mit dem optimalen Leistungsbereich aus (6-3) verschiebt sich der optimale Leistungsbereich aus

(6-8) und (6-12) genau wie in den letzten zwei Beispielen nach rechts und die Spannweite verringert sich jeweils.

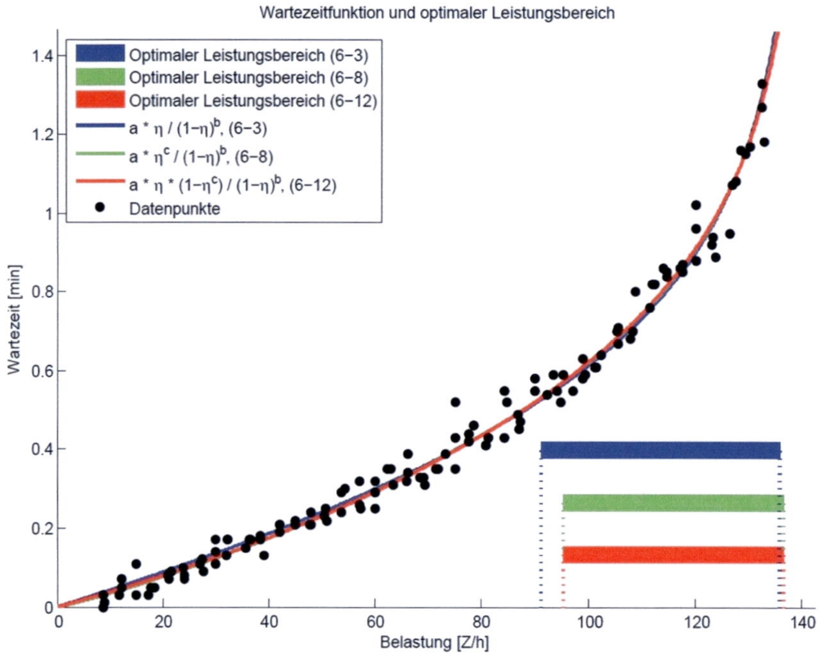

Abbildung 50: **Wartezeitfunktion und optimaler Leistungsbereich – Beispiel 3**

Beispiel 4

Infrastruktur und Betriebsprogramm

Im Beispiel 4 wird ein anderes Teilnetz desselben realen Stadtbahnnetzes (Beispiel 3) untersucht. Die Infrastruktur besteht hauptsächlich aus einem geschlossenen Kreis mit insgesamt 13 Haltestellen. Bei drei dieser Haltestellen handelt es sich um große Fahrgastwechsel-Haltestellen. Auf diesem Teilnetz werden fünf Linien (in beiden Richtungen) mit Stadtbahnfahrzeugen betrieben. Für alle Linien wird ein 10-Minuten-Takt angesetzt, aus dem wie im Beispiel 3 ein relativ homogenes Betriebsprogramm hervorgeht. Der originale Fahrplan wird dann mit 60 Zügen pro Stunde belastet. Abbildung 51 zeigt eine schematische Darstellung des Linienplans.

Abbildung 51: Linienplan - Beispiel 4 (Quelle: [Martin & Chu 2012])

Die durchsatzbezogene Leistungsfähigkeit

Zur Ermittlung der durchsatzbezogenen Leistungsfähigkeit werden insgesamt 100 zufällige Fahrplanverdichtungen erzeugt. Es wird im Bereich von 5% bis 250% und mit der Schrittweite 5% verdichtet, wobei jede Stufe zwei Fahrplanverdichtungen enthält. Die ermittelten Datenpunkte werden in Abbildung 52 dargestellt. Da einerseits ein vergleichsweise großer Maßstab für Eingangs- und Ausgangsbelastungen gewählt wurde, und andererseits das zu untersuchende Betriebsprogramm relativ homogen ist, befinden sich die Datenpunkte erneut sehr dicht an der „theoretischen Gerade". Der Abweichungspunkt hat den Wert: 128,4 [Z/h] (siehe Abbildung 52). Bezieht man die Wirkungen der transienten Phase (Formel (5-12)) mit ein, liegt die reale durchsatzbezogene Leistungsfähigkeit bei 135,4 [Z/h].

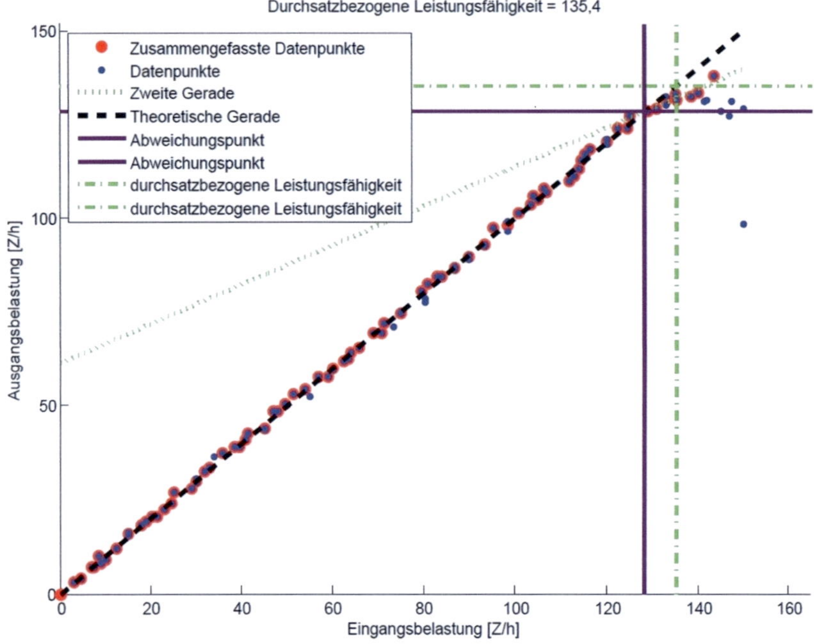

Abbildung 52:   Durchsatzbezogene Leistungsfähigkeit – Beispiel 4

Wartezeitfunktion

Abbildung 53 zeigt erneut die Simulationsergebnisse als Datenpunkte sowie die drei Modellfunktionen (6-3), (6-8) und (6-12). Im Vergleich zu den anderen Beispielen überdecken sich die Kurven der drei Modellfunktionen fast vollständig. Demzufolge besitzen die drei Modellfunktionen fast dasselbe korrigierte Bestimmtheitsmaß von 0,9822 bzw. 0,9821. Abbildung 53 veranschaulicht, wie die drei Modellfunktionen die Datenpunkte anpassen, und damit das hohe korrigierte Bestimmtheitsmaß gegenseitig validieren. "Dieselbe" Gestaltung der Wartezeitfunktion aus den drei Modellfunktionen (6-3), (6-8) und (6-12) hat "dasselbe" Ergebnis für den optimalen Leistungsbereich zur Folge.

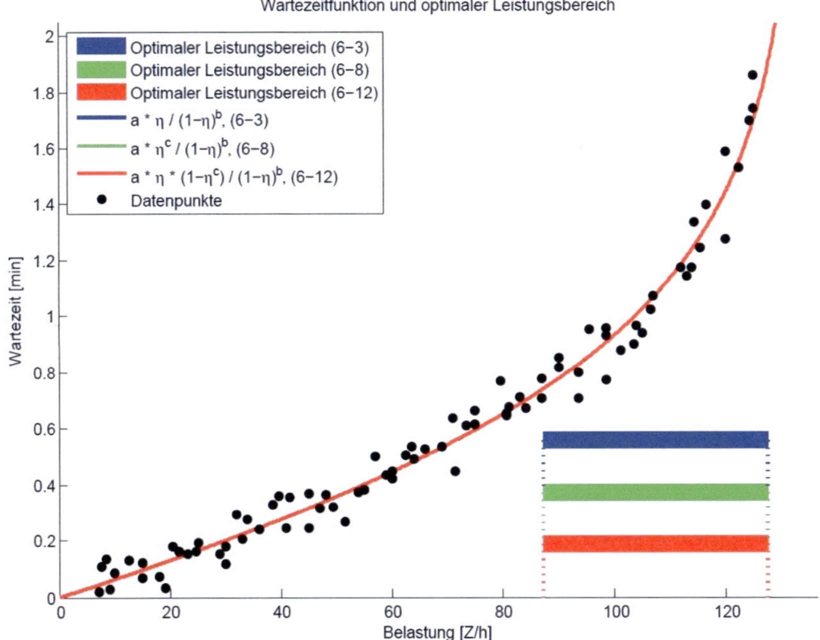

Abbildung 53:   Wartezeitfunktion und optimaler Leistungsbereich – Beispiel 4

Beispiel 5

Infrastruktur und Betriebsprogramm

In diesem Beispiel wird ein realer komplexer Eisenbahnknoten betrachtet. Die Infrastruktur setzt sich aus insgesamt 45 Betriebsstellen zusammen. Außer dem großen Hauptbahnhof des Untersuchungsraums gibt es noch weitere Bahnhöfe von verschiedener Größe für Güter- sowie Reisezüge. Abbildung 54 zeigt die Verbindung der Bahnhöfe durch die Infrastruktur. Das zu untersuchende Betriebsprogramm wird aus der frühen Hauptverkehrszeit abgeleitet. In diesem Zeitraum enthält der reale Fahrplan 69 Züge pro Stunde. Tabelle 14 gibt einen Überblick über die Zugfahrten.

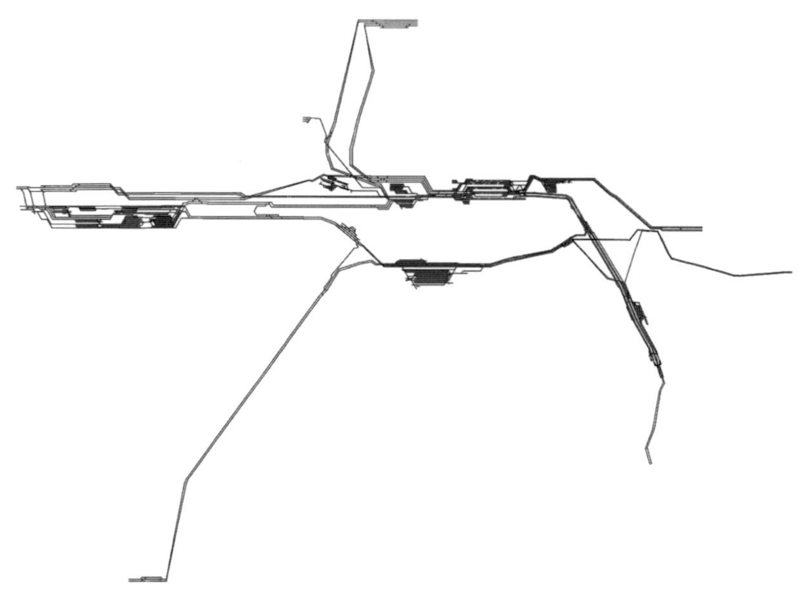

Abbildung 54: Infrastruktur - Beispiel 5 (Quelle: [Martin & Chu 2012])

Zuggattung	Belastung [Z/h]
S-Bahn	17
Personennahverkehr	19
Nahgüterzüge	3
Personenfernverkehr	13
Ferngüterzüge	15
Güterzüge	1
Sonderfahrt	1

Tabelle 14: Überblick der Zugfahrten in Beispiel 5

Die durchsatzbezogene Leistungsfähigkeit

Zur Ermittlung der durchsatzbezogenen Leistungsfähigkeit werden insgesamt 96 zufällige Fahrplanverdichtungen erzeugt. Von 5% bis 240% werden mit der Schrittweite 5% für jede Verdichtungsstufe zwei Fahrpläne verdichtet. Obwohl in diesem Beispiel der Maßstab der Eingangs- und Ausgangsbelastungen ungefähr gleich groß bleibt, nimmt die Streuung der Datenpunkte zu. Dies liegt vor allem am weniger homogenen Betriebsprogramm. Zudem ist die in Abbildung 55 dargestellte zweite Gerade im

Vergleich zu den bisherigen Beispielen sehr flach. Die berechnete durchsatzbezoge-ne Leistungsfähigkeit liegt bei 115,4 [Z/h] (siehe Abbildung 52). Unter Berücksichti-gung der Wirkungen der transienten Phase (Formel (5-12)), ergibt sich eine reale durchsatzbezogene Leistungsfähigkeit von 122,1 [Z/h].

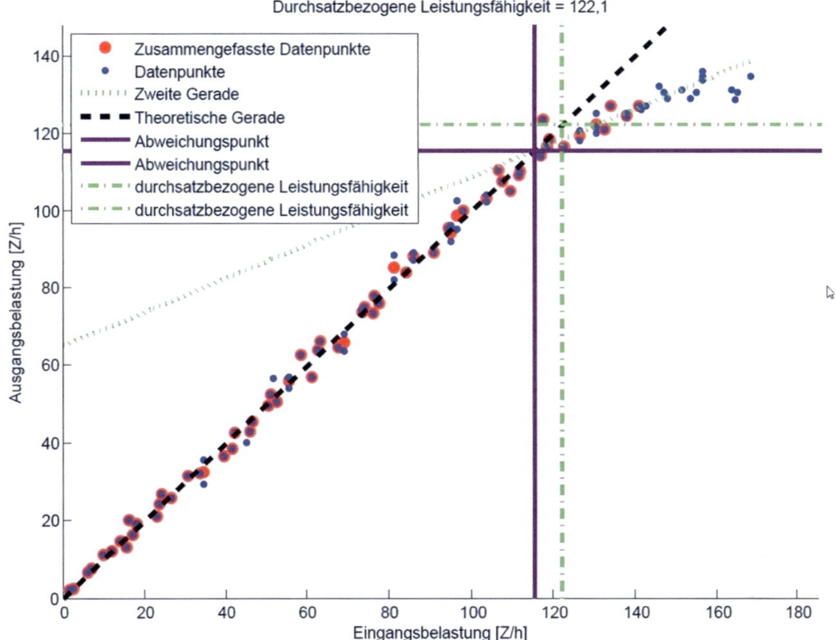

Abbildung 55:   Durchsatzbezogene Leistungsfähigkeit – Beispiel 5

Wartezeitfunktion

Abbildung 56 stellt die Simulationsergebnisse als Datenpunkte sowie die drei Modell-funktionen (6-3), (6-8) und (6-12) in bekannter Form dar. Verglichen mit den Bei-spielen 3 und 4 ist jedoch der durchschnittliche Abstand der Datenpunkte zur Warte-zeitfunktion größer. Deswegen lässt sich durch Betrachten der Graphik nicht direkt ermitteln, welche Modellfunktion sich besser für die Datenpunkten eignet. Für einen quantitativen Vergleich der drei Wartezeitfunktionen wird das korrigierte Be-stimmtheitsmaß verwendet. Das korrigierte Bestimmtheitsmaß der bisher verwende-ten Modellfunktion (6-3) liegt in diesem Beispiel bei 0.9718. Verglichen damit ist der Wert bei der neu entwickelten Modellfunktion (6-12) um 0,0031 größer, was wiede-rum als Bestätigung dafür, dass die neu entwickelte Modellfunktion (6-12) besser

als die bisher verwendete Modellfunktion (6-3) zu den Datenpunkten passt, angesehen werden kann. Der optimale Leistungsbereich aus (6-12) verschiebt sich gegenüber dem optimalen Leistungsbereich aus (6-3), wie auch in den Beispielen 1, 2
und 3, nach rechts bei signifikant geringerer Spannweite.

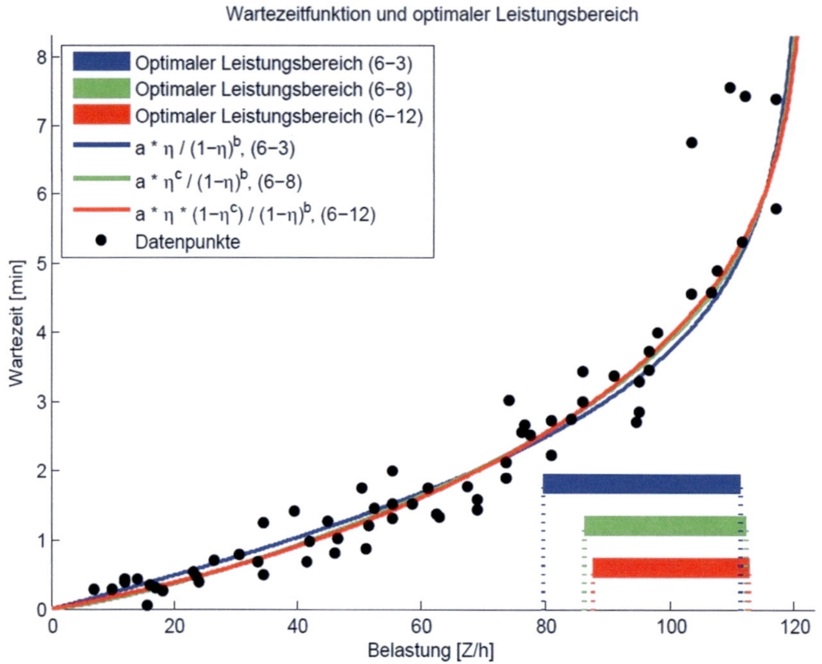

Abbildung 56:   Wartezeitfunktion und optimaler Leistungsbereich – Beispiel 5

Anhang II: Genauigkeit der Methode zur Bestimmung des Abweichungspunkts zwischen Eingang- und Ausgangsbelastung

Der folgende Text wird aus [Martin & Chu 2012] zitiert. Der Text wurde unter einem alten Forschungsstand geschrieben. Der Begriff "maximale Leistungsfähigkeit" in diesem Text hat dieselbe Bedeutung wie "durchsatzbezogene Leistungsfähigkeit".

Um die Genauigkeit der Methode zur Bestimmung der maximalen Leistungsfähigkeit zu untersuchen wurden in Abschnitt 5.2 die einzelnen Schritte betrachtet. Im ersten Schritt wird die signifikante Abweichung zwischen Eingangs- und Ausgangsbelastung (quasi-maximale Leistungsfähigkeit) ermittelt. Dabei werden drei nacheinander liegende Datenpunkte gesucht, deren Abweichung zwischen Eingangs- und Ausgangsbelastung größer ist als die zweifache Standardabweichung. Dadurch wird eine quasi-maximale Leistungsfähigkeit für jeden Iterationsschritt festgelegt. Soll die Genauigkeit der zuletzt gefundenen quasi-maximalen Leistungsfähigkeit abgeschätzt werden, ist im nächsten Schritt die Verteilung der Datenpunkte zu untersuchen.

In [Walk 2007] wird die Anzahl der Anforderungen beim Wartesystem $M/G/1$ mit der Ankunftsrate λ untersucht. Es wird angenommen, dass das Wartesystem im Zeitpunkte null frei ist.

- X_n sei die Länge der Warteschlange unmittelbar nach der Bedienung der n-ten Anforderung.
- Y_n sei die Anzahl der während der Bedienung der n -ten Anforderung eintreffenden Anforderungen.
- Z_n sei die Bedienungszeit der n-ten Anforderung mit Verteilungsfunktion B_V.

Es kann bewiesen werden, dass die Wahrscheinlichkeit b_k, dass k Anforderungen während der Bedienung der n-ten Anforderung eingetroffen sind, gleich

$$b_k = P[Y_n = k] = \int_{R^+} P[Y_n = k | Z_n = t] B_V(dt) = \int_{R^+} e^{-\lambda t} \frac{(\lambda t)^k}{k!} B_V(dt) \quad (\,5\text{-}4\,)$$

ist. Darüber hinaus gilt die folgende Gleichung

$$q(s) = b(s) \cdot \frac{1-s}{b(s)-s} \cdot (1-\rho) \qquad (\,5\text{-}5\,)$$

wobei

- $\rho = E(Z_n)/(1/\lambda)$ der Auslastungsgrad,
- $q(s) = \sum_{k=0}^{\infty} q_k \cdot s^k$ die erzeugende Funktion von $q_k = lim_{n\to\infty} P[X_n = k]$ (k ist eine natürliche Zahl) und
- $b(s) = \sum_{k=0}^{\infty} b_k \cdot s^k$ die erzeugende Funktion von b_k

bezeichnet.

Wie in Abschnitt 4.1.2 beschrieben, ist das Wartesystem $M/D/1$ bei der Modellierung anzuwenden. Sei die konstante Bedienungszeit $= T$ ($\rho = T/(1/\lambda) = \lambda T$), dann gilt:

$$b_k = e^{-\lambda T} \frac{(\lambda T)^k}{k!} \qquad (\text{ 5-6 })$$

Somit kann $b(s)$ explizit dargestellt werden:

$$b(s) = \sum_{k=0}^{\infty} e^{-\lambda T} \frac{(\lambda T)^k}{k!} \cdot s^k$$

$$= e^{-\lambda T} \cdot \sum_{k=0}^{\infty} \frac{(\lambda T s)^k}{k!}$$

$$= e^{-\lambda T} \cdot e^{\lambda T s}$$

$$= e^{-\rho(1-s)} \qquad (\text{ 5-7 })$$

Demzufolge kann die Gleichung (5-5) umgeschrieben werden:

$$q(s) = \sum_{k=0}^{\infty} q_k \cdot s^k = e^{-\rho(1-s)} \cdot \frac{(1-s)}{e^{-\rho(1-s)} - s} \cdot (1-\rho) \qquad (\text{ 5-8 })$$

q_k ergibt sich aus dem Quotient der k-ten Ableitung mit $s = 0$ und $k!$

$$q_k = \frac{\left(e^{-\rho(1-s)} \cdot \frac{(1-s)}{e^{-\rho(1-s)} - s} \cdot (1-\rho)\right)^{(k)}}{k!} \; (mit \; s = 0) \qquad (\text{ 5-9 })$$

Hier bezeichnet q_k die Wahrscheinlichkeit, dass die Länge der Warteschlange unmittelbar nach der Bedienung der n-ten ($n \to \infty$) Anforderung gleich k ist. Dies bedeutet, dass q_k die Verteilung der Anzahl der Anforderungen im Wartesystem in der stationären Phase ist.

Jetzt wird die die Differenz der Eingangs- (E) und Ausgangsbelastung (A) betrachtet. Es gilt, dass $E - A$ die Differenz der Anzahl der Anforderungen im Wartesystem zwischen Beginn und Ende des Auswertezeitraums ist. Weil sich das Wartesystem unter der maximalen Leistungsfähigkeit in der stationären Phase befindet, ist die Anzahl der Anforderungen zwischen Beginn und Ende des Auswertezeitraums gleich verteilt (= (q_k)). Damit kann die Verteilung der Differenz $E - A$ wie folgt dargestellt werden:

$$P[E - A = 0] = \sum_{i=0}^{\infty} P[X_n = i \; und \; X_m = i] = \sum_{i=0}^{\infty} q_i^2 \qquad (5\text{-}10)$$

$$P[E - A = -k] = \sum_{i=k}^{\infty} P[X_n = i \; und \; X_m = i - k] = \sum_{i=0}^{\infty} q_i \cdot q_{i-k} \qquad (5\text{-}11)$$

$$P[E - A = k] = \sum_{i=k}^{\infty} P[X_n = i - k \; und \; X_m = i] = \sum_{i=0}^{\infty} q_{i-k} \cdot q_i \qquad (5\text{-}12)$$

wobei X_n und X_m die Anzahl der Anforderungen zwischen Beginn und Ende des Auswertezeitraums bezeichnet. Gleichzeitig ist $k > 0$. Aus den Formeln (5-10), (5-11) und (5-12) wird deutlich, dass die Datenpunkte $(E - A)$ eine symmetrische vom Auslastungsgrad ñ abhängige Verteilung besitzen.

Wie in den Formeln (5-10), (5-11) und (5-12) dargestellt, ergibt sich die Verteilung der Datenpunkte aus einer unendlichen Summierung, welche nicht explizit durch elementare Funktionen dargestellt werden kann. Um das Verhältnis der Varianz bzw. Standardabweichung von $E - A$ zu untersuchen, wird an dieser Stelle eine Monte-Carlo-Methode mit einem einfachen Modell eingesetzt. Im Modell wird ein Blockabschnitt auf einer freien Strecke als eine (einkanalige) Bedienungsstelle abgebildet. Hierbei entspricht der Ankunftsabstand den Anforderungen der Zugfolgezeit und die Bedienungszeit der Sperr- bzw. Belegungszeit auf der Strecke. Die Kapazität des Warteraums der Bedienungsstelle wird als unendlich angenommen (siehe Abbildung 16).

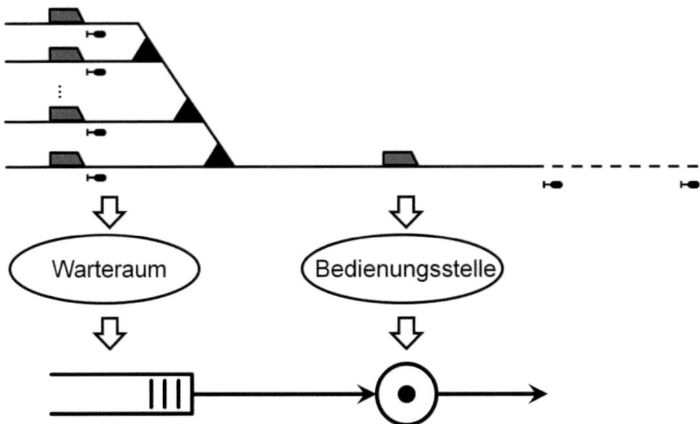

Abbildung 16: **Einfaches Modell für die Simulation**

Da das zu untersuchende Wartesystem $M/D/1$ und die Verteilung der Datenpunkte nur vom Auslastungsgrad ρ abhängig ist, kann die Bedienungszeit in der Simulation beispielsweise von 200s (konstant) angenommen werden. Der Ankunftsprozess ist negativ-exponentiell verteilt und so variiert, dass die entsprechende Eingangsbelastung von 1% bis 100% mit der Schrittbereite 1% verläuft, damit verschiedene Auslastungsgrade untersucht werden können. Für jeden Auslastungsgrad werden jeweils 10000-mal Wiederholungen durchgeführt, damit das Ergebnis der Simulation statistisch gesichert ist. Aus jeder Simulation werden Eingangs- und Ausgangsbelastung ermittelt, um die Verteilung der Datenpunkte $(E - A)$ zu untersuchen. Dabei sind drei repräsentative Simulationsergebnisse (Auslastungsgrad = 30%, 50% und 70%) mit den Formeln (5-10), (5-11) und (5-12) zu vergleichen, um so die Plausibilität der Simulation zu zeigen. In Abbildung 17 werden die Verteilungen der Datenpunkte von verschiedenen Auslastungsgraden gegeneinander aufgetragen. Die Ergebnisse der Simulation und der Analyse sind, bis auf die stochastische Streuungen, gleich.

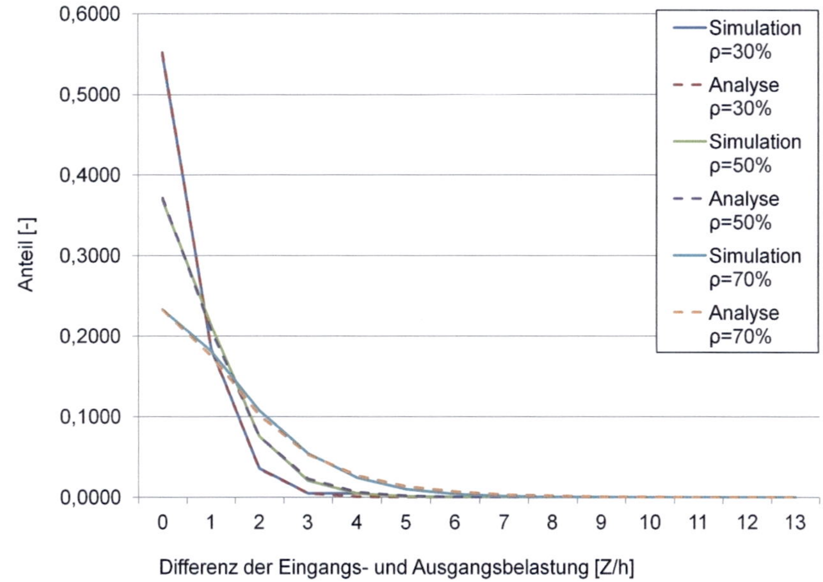

Abbildung 17:   Vergleich der Ergebnisse (Differenz der Eingangs- und Ausgangsbelastung) zwischen Simulation und Analyse

In der hier neu entwickelten, im Abschnitt 5.2.3 beschriebenen Methode werden die Fahrplanverdichtungen gleichmäßig von 0% bis 125% generiert. Die Standardabweichung der Differenz von Eingangs- und Ausgangsbelastung, die mit den Fahrplanverdichtungen ermittelt wird, entspricht der durchschnittlichen Standardabweichung aller Auslastungsgrade (1% bis 99%) der Simulationen. In Abbildung 18 wird das Verhältnis von Auslastungsgrad und zugehöriger Standardabweichung der Differenz von Eingangs- und Ausgangsbelastung, die mit der Monte-Carlo-Methode ermittelt wurde, dargestellt.

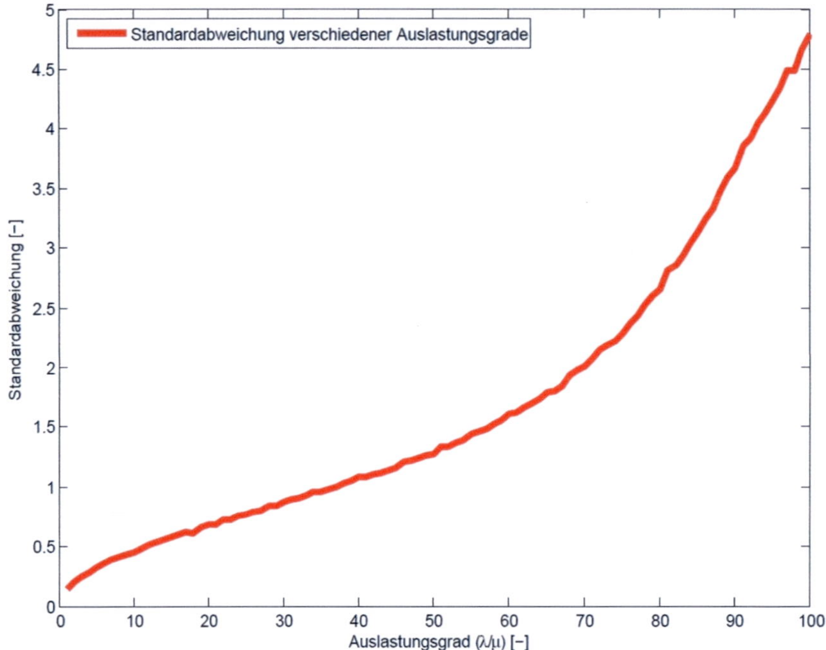

Abbildung 18: **Standardabweichung der Differenz der Eingangs- und Ausgangsbelastung bei verschiedenen Auslastungsgraden**

Die durchschnittliche Standardabweichung beträgt 1,7. Bei sehr hohen Auslastungsgraden beträgt diese ca. 4,5. Damit kann berechnet werden, dass das Kriterium $2*$ Standardabweichung (σ), das zur Suche drei nacheinander auftretender signifikanter Abweichungspunkte dient, ca. dem 0,756-fachen der Standardabweichung des hohen Auslastungsgrads entspricht:

$$1,7 * 2/4,5 = 0,756$$

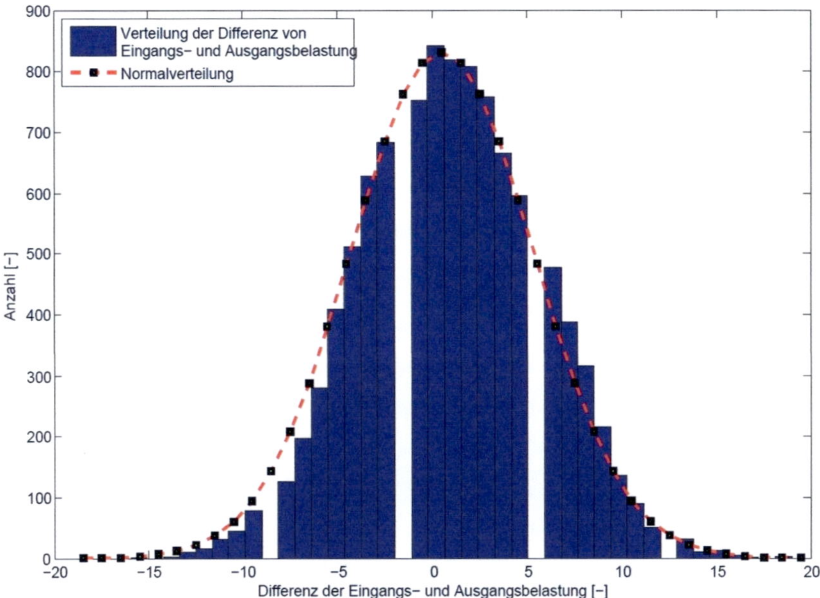

Abbildung 19:   Verteilung der Differenz von Eingangs- und Ausgangsbelastung bei hohem Auslastungsgrad

Da die Verteilung der Differenz zwischen der Eingangs- und Ausgangsbelastung bei hohem Auslastungsgrad ähnlich den Normalverteilung ist (siehe Abbildung 19), kann die Wahrscheinlichkeit (Fehler 1. Art), dass der mit dem Kriterium gefundenen Punkt p_g noch unter der maximalen Leistungsfähigkeit (d.h. der Erwartungswert von $(E_{p_g} - A_{p_g})$ beträgt noch null) liegt, anhand der Eigenschaft der Normalverteilung ermittelt werden:

$$1 - F(0{,}756\sigma) = \frac{1}{\sigma \cdot \sqrt{2\pi}} \cdot \int_{-\infty}^{0{,}756\sigma} e^{-\frac{1}{2}\left(\frac{t}{\sigma}\right)^2} \, dt = 0{,}2248 \qquad (5\text{-}13)$$

wobei $F(x)$ die Verteilungsfunktion der Normalverteilung bezeichnet.

In der im Abschnitt 5.2.3 vorgestellten neuen Methode werden drei aufeinander folgende Punkte mit diesem Kriterium gesucht. Daraus ergibt sich die Wahrscheinlichkeit, dass die gefundene signifikante Abweichung zwischen Eingangs- und Ausgangsbelastung falsch lokalisiert wird:

$$p = 0{,}2248^3 = 0{,}01136 \; (1{,}136\% \approx 1{,}1\%) \qquad (5\text{-}14)$$

Hierbei setzt eine Annahme voraus, dass die durchschnittliche Standardabweichung hinreichend genau bestimmt werden kann. Diese Annahme kann durch Anpassung der Anzahl der Fahrplanverdichtungen gewährleistet werden (siehe Abschnitt 5.2.5).

Im dritten Schritt (Kalibrierung) der Methode wird immer der beste passende Wert gesucht, bei dem die Summe des quadratischen Fehlers (Abweichung) zwischen den Datenpunkten und den zwei Geraden $g1$ und $g2$ (vgl. Abbildung 15) minimiert wird. Zusammengefasst liefert diese Methode mit 98,9% (100% - 1,1%) Genauigkeit das beste passende Ergebnis.

Bei der weiteren Verwendung kann das Verfahren noch modifiziert werden, damit die Genauigkeit zur Bestimmung des signifikanten Abweichungspunkts je nach Bedarf erhöht wird. Hierbei wird das Kriterium $(Koeffizient * \sigma)$ zur Suche des signifikanten Abweichungspunktes angepasst und in der Formel (5-14) eingesetzt, daraus ergibt sich die Genauigkeit des Verfahrens.

Formelzeichen

A	Ankunftsprozess der Anforderung eines Wartesystems
$abs(r)$	Absolut von r
A_i	Ausgangsbelastung des i-tes Datenpunktes
α	Irrtumswahrscheinlichkeit
$a, b, a_i, b_i, c_i, \alpha_j$	Parameter der Modellfunktion für die Wartezeitfunktion
$a_T, a_M, b_M, c_M,$	Parameter der Modellfunktion zur Bestimmung der durchsatzbezogenen Leistungsfähigkeit
B	Bedienprozess der Anforderungen eines Wartesystems
$B_{bef}(\eta)$	Beförderungsenergie
b_r, b_k	Wahrscheinlichkeit, dass r (bzw. k) Anforderungen während der Bedienung der n-ten Anforderung eingetroffen sind
$b(s)$	Erzeugende Funktion von b_k
B_V	Verteilungsfunktion der Bedienungszeit eines Wartesystems
c	Konstante, Hilfswert
$c_A{}^2, c_B{}^2$	Variationskoeffizient des Ankunfts- (A) und Bedienprozesses (B)
D	Konstante (Deterministic Distribution)
d_i	Abstand zwischen i-ten Datenpunkt und der Gerade $y = x$
Δt_B	Abweichung der Belegungszeit
Δt_{BDispo}	Abweichung der Belegungszeit wegen der Disposition
$E1$	Einfahrblock eines Untersuchungsraums
e	Tolerierbaren Fehler des Parameters
E_i	Eingangsbelastung des i-tes Datenpunktes
ET_F	Durchschnittliche Beförderungszeit
$ETw(\eta)$	Erwartungswert der Wartezeitfunktion
η	Auslastungsgrad
$\vec{f}$	Vektor der Modellfunktionswerte bzgl. alle Messewerte x_i
$F(X)$	Verteilung der Zufallsvariable X
$f_j(x)$	Funktion bzgl. des Parameters α_j
FIFO	Warteschlangendisziplinen: first-in, first-out
$g1, g2$	Zwei Gerade der Modellfunktion zur Ermittlung der durchsatz-

	bezogenen Leistungsfähigkeit
h	Leverage-Wert der Anpassung
λ	Ankunftsrate eines Wartesystems
M	Exponentialverteilung (Markovian Distribution)
M_e	Ermittelte Abweichungspunkt zwischen die Eingangs- und Ausgangsbelastung
M_e	Reale durchsatzbezogene Leistungsfähigkeit
μ	Bedienrate eines Wartesystems
n	Anzahl der der parallelen Bedienungsstellen eines Wartesystems
n_1	Zugzahl in einer Zeitscheibe
n_G	Gesamte erwünschte Zugzahl im Simulationszeitraum bei der Fahrplanverdichtung
n_R	Restliche Zugzahl außerhalb der ganzen Zeitscheiben
n_Z	Anzahl der Zeitscheibe im Simulationszeitraum
p_g	Datenpunkte, deren Ausgangsbelastung signifikant kleiner als die Eingangsbelastung ist
P_i, P_k	i-ten (bzw. k-ten) Datenpunkt
q	Quasi-durchsatzbezogene Leistungsfähigkeit
q_k	Wahrscheinlichkeit, dass die Länge der Warteschlange unmittelbar nach der Bedienung der n-ten ($n \rightarrow \infty$) Anforderung gleich k ist
$q(s)$	Erzeugende Funktion von q_k
r	Hilfswert zur Bestimmung der bisquare-Gewichtsfunktion
$\bar{R}^2$	Korrigiertes Bestimmtheitsmaß
S	Anzahl der Warteplätze im Warteraum eines Wartesystems
$S_{rel}(\eta)$	Relative Empfindlichkeit
σ	Standardabweichung
t_{BBlock}	Geplante Sperrzeit auf einer Strecke
$t_{BBlock,schnell}$	Geplante Sperrzeit auf einer Strecke von einem schnellen Zug
t_{BPlan}	Geplante Sperrzeit auf einer Strecke oder einer Weiche
$t_{BPlan,schnell}$	Geplante Sperrzeit auf einer Strecke oder einer Weiche von einem schnellen Zug

$B_{Plan,langsam}$	Geplante Sperrzeit auf einer Strecke oder einer Weiche von einem langsamen Zug
$t_{BWeiche}$	Geplante Sperrzeit auf einer Weiche
$t_{BWeiche,schnell}$	Geplante Sperrzeit auf einer Weiche von einem schnellen Zug
U	Eine Menge der Datenpunkte, deren Eingangsbelastung kleiner als die Quasi-durchsatzbezogene Leistungsfähigkeit
$V(X)$	Varianz von der Zufallsvariable der gesamten erwünschten Zugzahl im Simulationszeitraum
$V_Z(X)$	Varianz von der Zufallsvariable der erwünschten Zugzahl in einer Zeitscheibe
WD	Warteschlangendisziplin des Bediensystems eines Wartesystems
$w_{bisquare}$	bisquare-Gewichtsfunktion
X_i	Zufallsvariable der Zugzahl in der i-ten Zeitscheibe
X_n	Länge der Warteschlange unmittelbar nach der Bedienung der n-ten Anforderung
Y_n	Anzahl der während der Bedienung der n-ten Anforderung eintreffenden Anforderungen eines Wartesystems
Z_n	Bedienungszeit der n-ten Anforderung eines Wartesystems

Abbildungsverzeichnis

Tabellenverzeichnis

Literaturverzeichnis

Literaturverzeichnis

[Allen 1978] *Allen, A. O.*: Probability, Statistics, and Queueing Theory. Academic Press, London, 1978.

[Arbeitsgruppe "Leistungsuntersuchungen Bahnanlagen" 1994]
Arbeitsgruppe "Leistungsuntersuchungen Bahnanlagen": Leistungsuntersuchungen von Eisenbahnbetriebsanlagen durchführen: Teilheft 01. Einführung in die Problematik, Grundlagen. Deutsche Bahn, Geschäftsbereich Netz, 1994.

[Björck 1996] *Björck, A.*: Numerical Methods for Least Squares Problems. SIAM, Philadelphia, 1996.

[Chu 2013] *Chu, Z.*: Effect of the transient phase by means of simulation method. IT13.RAIL, Zürich, 2013.

[Chu & Martin 2012] *Chu, Z.; Martin, U.*: Dynamisierung von Zeitscheiben in Betriebsprogrammen bei Leistungsuntersuchungen. Eisenbahntechnische Rundschau 61 (2012), 05, S. 40–45.

[Chu & Schmidt 2007] *Chu, Z.; Schmidt, C.*: Approximation in PULEIV: Arbeitspapier (unveröffentlicht), Stuttgart, 2007.

[Conn et al. 2000] *Conn, A. R.; Gould, N. I. M.; Toint Philippe L.*: Trust Region Methods. SIAM, Philadelphia, 2000.

[DB Netz AG 2008] *DB Netz AG*: Richtlinie 405 Fahrwegkapazität: Gültig ab 01.01.2008, 2008.

[Hertel 1992] *Hertel, G.*: Die maximale Verkehrsleistung und die minimale Fahrplanempfindlichkeit auf Eisenbahnstrecken. Eisenbahntechnische Rundschau 41 (1992), 10, S. 665–671.

[Hertel 1995]   *Hertel, G.*: Leistungsfähigkeit und Leistungsverhalten von Ei-
                           senbahnbetriebsanlagen: Modelle und Berechnungsmöglich-
                           keiten. Schriftenreihe des Instituts für Verkehrssystemtheorie
                           und Bahnverkehr, TU Dresden (1995), 1, S. 62–104.

[Internationaler Eisenbahnverband (UIC) 2004]
                           Internationaler Eisenbahnverband (UIC): UIC-Kodex 406 E:
                           Kapazität (Übersetzung). Paris, 2004.

[Janecek et al. 2010]   *Janecek, D.; Weymann Frédéric; Schaer, T.*: LUKS – integrier-
                           tes Werkzeug zur Leistungsuntersuchung von Eisenbahnkno-
                           ten und –strecken. Eisenbahntechnische Rundschau 59
                           (2010), 01+02, S. 25–32.

[Jarre & Stoer 2004]   *Jarre, F.; Stoer, J.*: Optimierung. Springer, Berlin Heidelberg
                           New York, 2004.

[Jochim 1999]   *Jochim, H.*: Verkehrswirtschaftliche Ermittlung von Qualitäts-
                           maßstäben im Eisenbahnbetrieb. Aachen, 1999.

[Kleinrock 1991]   *Kleinrock, L.*: Queueing System Band 1: Theory. New York,
                           1991.

[Kohn 2004]   *Kohn, W.*: Statistik: Datenanalyse und Wahrscheinlichkeits-
                           rechnung. Springer, Berlin Heidelberg, 2004.

[Lindner 2009]   *Lindner, T.*: Empfehlungen zur Weiterentwicklung der UIC-
                           Richtlinie 406 - Probleme, Lösungsmöglichkeiten und Grenzen
                           des analytischen Kompressionsverfahrens zur Leistungsun-
                           tersuchung. ZEVrail Glasers Annalen 133 (2009), Sonderheft
                           Fahrweg 11-12, S. 510–519.

[Ludwig 1990]   *Ludwig, D.*: Beitrag zur Leistungs- und Qualitätssicherung von
                           Streckenfahrplänen der Eisenbahn. Dissertation. Dresden,
                           1990.

[Martin et al. 2005]   *Martin, U.; Dobeschinsky, H.; Breuer, P.; Haderer, M.; Son-nenberg, N.*: Vergleich der Leistungsfähigkeiten und des Leistungsverhaltens des neuen Durchgangsbahnhofes (S21) und einer Variante umgestalteter Kopfbahnhof (K21) im Rahmen der Neugestaltung des Stuttgarter Hauptbahnhofes: Abschlussbericht (unveröffentlicht), Stuttgart, 2005.

[Martin et al. 2007]   *Martin, U.; Schmidt, C.; Dobeschinsky, F.; Storm, N.*: Abschlussbericht. Leistungsuntersuchung Pragsatteltunnel (unveröffentlicht). Stuttgart, 2007.

[Martin et al. 2008]   *Martin, U.; Li, X.; Schmidt, C.*: PULEIV Projektbericht: Allgemeingültiges Verfahren zur praxisorientierten Bestimmung des Leistungsverhaltens von Eisenbahninfrastrukturen (unveröffentlicht). Im Auftrag der DB Netz AG, 2008.

[Martin et al. 2012]   *Martin, U.; Breuer, P. ; Chu, Z.*: Abschlussbericht. Leistungsuntersuchung Staatsgalerie (unveröffentlicht). Stuttgart, 2012.

[Martin et al. 2013a]   *Martin, U.; Chu, Z. ; Cui, Y.; Hantsch, F.*: Abschlussbericht. Leistungsuntersuchung für große Eisenbahnknoten (unveröffentlicht). Stuttgart, 2013.

[Martin et al. 2013b]   *Martin, U.; Chu, Z.; Cui, Y.; Li, X.; Hantsch, F.*: Abschlussbericht. Bahnhofskapazität, RePlan AP4 (unveröffentlicht). Stuttgart, 2013.

[Martin & Chu 2012]   *Martin, U.; Chu, Z.*: Direkte experimentelle Bestimmung der maximalen Leistungsfähigkeit bei Leistungsuntersuchungen im spurgeführten Verkehr. DFG-Projekt mit Förderkennzeichen „MA 2326/6-1", Stuttgart, 2012.

[Martin & Cui 2013]   *Martin, U.; Cui, Y.*: Entwicklung eines Algorithmus für die Kalibrierung von Modellen zur Betriebssimulation in spurgeführten Verkehrssystemen unter Berücksichtigung stochastischer Bedingungen. DFG-Projekt mit Förderkennzeichen „MA 2326/9-1", Stuttgart, 2013

[Martin & Schmidt 2010]

Martin, U.; Schmidt, C.: Erhöhung der Effektivität und Transparenz bei Leistungsuntersuchungen mit Simulationsverfahren. In: Eisenbahntechnische Rundschau - ETR, 59 (2010) 7+8, Seiten 463 – 468

[MathWorks 2013]   MathWorks: MATLAB Primer R2013a. Natick, MA, 2013.

[Morse PM 1955]   Morse PM: Stochastic properties of waiting lines. Oper. Res. 3: 225 - 261, 1955.

[Muthmann 2004]   *Muthmann, T.*: Rechnerische Bestimmung der optimalen Streckenauslastung mit Hilfe der Streckendurchsatzleistung. Dissertation. Darmstadt, 2004.

[Nießen 2008]   *Nießen, N.*: Leistungskenngrößen für Gesamtfahrstraßenknoten. Dissertation. Aachen, 2008.

[Oetting 2005]   *Oetting, A.*: Physikalische Maßstäbe zur Beurteilung des Leistungsverhaltens von Eisenbahnstrecken. Dissertation. Aachen, 2005.

[Pachl 2011]   Pachl, Jörn: *Systemtechnik des Schienenverkehrs*. 6. Auflage: Vieweg+Teubner, 2011.

[Potthoff 1969]   *Potthoff, G.*: Die Bedienungstheorie im Verkehrswesen. Transpress, Verl. für Verkehrswesen, Berlin, 1969.

[RMCon 2005]   *RMCon*: Handbuch RailSys 4.0: Fahrplan-und Infrastrukturmanagement v1.0. Hannover, 2005.

Literaturverzeichnis

[RMCon 2010]   *RMCon*: Handbuch RailSys 7.0. Hannover, 2010.

[Schmidt 2009]   *Schmidt, C.*: Beitrag zur experimentellen Bestimmung der
                      Wartezeitfunktion bei Leistungsuntersuchungen im spurge-
                      führten Verkehr. Dissertation. Stuttgart, 2009.

[Schmidt 2010]   *Schmidt, C.*: Experimentelle Bestimmung der Wartezeitfunkti-
                      on für Leistungsuntersuchungen. Eisenbahntechnische Rund-
                      schau 59 (2010), 01+02. S. 33–39.

[Schwanhäußer 1978]   *Schwanhäußer, W.*: Die Ermittlung der Leistungsfähigkeit von
                      großen Fahrstraßenknoten und von Teilen des Eisenbahnnet-
                      zes. AET 33 (1978), S. 7–18.

[Schwanhäußer 1987]   *Schwanhäußer, W.*: Qualitätsmaßstäbe für Leistungsuntersu-
                      chungen bei Bahnanlagen. In: Schwanhäußer, W.; Wolf, P.
                      (Hrsg.). Leistungsfähigkeit und Bemessung von Bahnanlagen:
                      Beiträge zum Eisenbahnbetriebswissenschaftlichen Kolloqui-
                      um 23.-25. Juli 1986 in Aachen, 1987, S. 17–31.

[Schwanhäußer 2009]   *Schwanhäußer, W.*: Wirtschaftlich und betrieblich optimale
                      Zugzahlen auf Eisenbahnstrecken. Eisenbahntechnische
                      Rundschau 58 (2009), 9, S. 488–495.

[Takács 1962]   Takács, *L.*: Introduction to the Theory of Queues. Oxford Uni-
                      versity Press, New York, 1962.

[Takagi 1991]   *Takagi, H.*: Queueing Analysis: A Foundation of Performance
                      Evaluation, North-Holland, Amsterdam, 1991.

[Tran-Gia 2005]   *Tran-Gia, P.*: Einführung in die Leistungsbewertung und Ver-
                      kehrstheorie. Oldenbourg, München, 2005.

[Vakhtel 2002]   *Vakhtel, S.*: Rechnerunterstützte analytische Ermittlung der
                      Kapazität von Eisenbahnnetzen. Dissertation. Aachen, 2002.

[Walk 2007]   *Walk, H.*: Stochastische Prozesse. Unveröffentlichtes Manu-
skript, Universität Stuttgart, 2007.

[Wendler 2000]   *Wendler, E.*: Verknüpfung simulativer und analytischer Modelle bei der Leistungsberechnung von Bahnanlagen. In:
Schwanhäußer, W. (Hrsg.). Werkzeuge für Planung und Füh-
rung des Bahnbetriebes: 3. Eisenbahnbetriebswissenschaftlichen Kolloquium 30. und 31. März 2000, 2000, S. 29–42.

[Wendler 2011]   *Wendler, E.*: Werkzeuge zur Berechnung von Streckenkapazi-
täten. Deine Bahn, 40 (2011) 12, S. 8-13